舰船装备保障工程丛书

雷弹装备的贮存延寿保障实践

吴笛霄 李 婧 张 宁 徐 立 李 华 著

水雷反水雷教学创新团队资助

科学出版社

北 京

内 容 简 介

本书针对雷弹装备贮存延寿决策类工作中最关心、最基本的问题,按照易懂、可行的原则,给出解决这些问题的方法。首先,基于装备状态检查数据而不是寿命型数据,给出装备寿命分布参数估计方法,用以探明装备的贮存寿命分布规律;然后,在贮存寿命分布规律的基础上,针对装备完好性指标,介绍雷弹装备贮存效果评估方法,并进一步给出合理制订贮存方案的方法,针对贮存期间的维修工作,按照不同的维修场景,给出对应的备件需求量计算方法;最后,针对雷弹装备的延寿工作,给出回答"何时延寿? 装备的哪些部件需要延寿?"等问题的方法。为便于理解,书中的关键知识点都以例题的形式说明其应用。

本书可作为高等院校雷弹装备综合保障专业的教材,也可作为从事贮存类产品设计和管理工作等相关人员的工作参考书。

图书在版编目(CIP)数据

雷弹装备的贮存延寿保障实践/吴笛霄等著. —北京:科学出版社,2020.6
(舰船装备保障工程丛书)
ISBN 978-7-03-065363-5

Ⅰ. ①雷… Ⅱ. ①吴… Ⅲ. ①军用船-装备保障-研究 Ⅳ. ①E925.6

中国版本图书馆 CIP 数据核字(2020)第 093405 号

责任编辑:张艳芬 李 娜 / 责任校对:王 瑞
责任印制:吴兆东 / 封面设计:蓝 正

科学出版社 出版
北京东黄城根北街 16 号
邮政编码:100717
http://www.sciencep.com

北京九州迅驰传媒文化有限公司 印刷
科学出版社发行 各地新华书店经销
*
2020 年 6 月第 一 版 开本:720×1000 B5
2020 年 6 月第一次印刷 印张:11 3/4
字数:224 000
定价:119.00 元
(如有印装质量问题,我社负责调换)

《舰船装备保障工程丛书》序

　　舰船装备是现代海军装备的重要组成部分,是海军战斗力建设的重要物质基础。随着科学技术的飞速发展及其在舰船装备中的广泛应用,舰船装备呈现出结构复杂、技术密集、系统功能集成的发展趋势。为使舰船装备能够尽快形成并长久保持战斗力,必须为其配套建设快速、高效和低耗的保障系统,形成全系统、全寿命保障能力。

　　20 世纪 80 年代,随着各国对海军战略的调整以适应海军装备发展需求,舰船装备保障技术得到迅速发展。它涉及管理学、运筹学、系统工程方法论、决策优化等诸多学科专业,现已成为世界军事强国在海军装备建设发展中关注的重点,该技术领域研究具有前瞻性、战略性、实践性和推动性。

　　舰船装备保障的研究内容主要包括:研制阶段的“六性”设计,使研制出的舰船装备具备“高可靠、好保障、有条件保障”的良好特性;保障顶层规划、保障系统建设,并在实践中科学运用保障资源开展保障工作,确保装备列装后尽快形成保障能力并保持良好的技术状态;研究突破舰船装备维修与再制造保障技术瓶颈,促进装备战斗力再生。舰船装备保障能力不仅依赖于装备管理水平的提升,而且取决于维修工程关键技术的突破。

　　当前,在舰船装备保障管理方面,正逐步从以定性、经验为主的传统管理向综合运用现代管理学理论及系统工程方法的精细化、全寿命周期管理转变;在舰船装备保障系统设计上,由过去的“序贯设计”向“综合同步设计”的模式转变;在舰船装备故障处理方式上,由过去的“故障后修理”向基于维修保障信息挖掘与融合技术的“状态修理”转变;在保障资源规划方面,由过去的“过度采购、事先储备”向“精确化保障”转变;在维修保障技术方面,由过去的“换件修理”向“装备应急抢修和备件现场快速再制造”转变。

　　因此,迫切需要一套全面反映海军舰船装备保障工程技术领域进展的丛书,系统开展舰船装备保障顶层设计、保障工程管理、保障性分析,以及维修保障决策与优化等方面的理论与技术研究。本套丛书凝聚了撰写人员在长期从事舰船装备保障理论研究与实践中积累的成果,代表了我国舰船装备保障领域的先进水平。

中国工程院院士　　　　徐滨士

波兰科学院外籍院士

2016 年 5 月 31 日

前　　言

　　水雷是能够执行战略任务的唯一常规武器,鱼雷、导弹是海军最重要的攻击性武器。"长期贮存、一次使用"是雷弹装备的特点,贮存与延寿在这些"大杀器"的全寿命周期中占据着极其重要的位置。

　　本书以概率论与数理统计相关理论为工具,围绕雷弹装备贮存和延寿工作中最关心的决策问题展开论述。本书结构安排如下:第 1 章为绪论;第 2 章针对难以获得足够数量的雷弹装备贮存寿命样本数据的现实,介绍一种基于装备状态检查数据的贮存寿命估计方法,为后续贮存延寿相关工作奠定基础;第 3 章介绍贮存效果的评估方法,主要用于解决如何定量计算批量装备贮存期间的战备完好性程度问题;第 4 章针对因贮存失效而开展的维修工作,介绍各种维修场景下维修备件需求量的计算方法;第 5 章主要针对贮存期间装备老化问题,介绍典型场景下延寿工作的有关延寿决策方法;第 6 章进行总结。

　　本书是海军工程大学兵器工程学院综合保障团队雷弹装备综合保障工作的一次总结。第 1 章由吴笛霄撰写;第 2 章由李婧、吴笛霄撰写;第 3 章由张宁、徐立撰写;第 4 章由李婧、李华撰写;第 5 章由吴笛霄、李婧撰写;第 6 章由李华撰写;全书由李华统稿,张宁、徐立负责书中算例的仿真验证,王艳负责校对工作。在撰写书稿过程中,蒋涛副教授、罗祎副教授、周亮教员等给予了极大帮助。李庆民教授对书中内容进行了审阅,并提出了宝贵意见。在此一并表示衷心感谢。

　　由于作者水平有限,书中难免存在不足之处,欢迎读者批评指正。

作　者
2020 年 1 月于武汉

目　　录

第1章 绪 论

1. 本书定位

"XX型装备能可靠贮存多少年？当装备的库存水平下降到何种程度时需要补充贮存？补充数量最好是多少？在贮存期间，何时开展维修？重点维修对象是什么？贮存到期后，是否值得开展延寿？如何确定重点延寿对象？"等问题是雷弹装备在贮存延寿工作中遇到的常见、基本决策问题。本书针对这些问题，为广大从事雷弹装备相关保障工作的人员，提供一整套从收集/处理装备状态检查数据到合理制订贮存/延寿相关方案的"制式"解决方法。

对于那些具体从事装备贮存、维修、延寿的技术人员，凭借相关工作的经验（也许需要极为丰富的经验），他们有可能回答这些问题。但是，由于他们的方法与具体装备型号、工作经历等紧密相关，因此针对不同型号的装备，不同的技术人员回答上述问题的方法和答案也不相同。最终回答上述决策问题的管理者往往离一线现场的贮存、维修和延寿工作较为"遥远"，不大可能对各型装备都具备丰富的贮存、延寿工程经验。那么，管理者如何在这些来自不同方法的回答中，判断哪种方法更科学、更合理、更可行呢？或者是否存在一种"制式"的方法，能普遍适用各种型号装备呢？

作者以为：在掌握装备贮存寿命分布规律的前提下，应用概率论与数理统计相关理论可以为各型雷弹装备提供"制式"方法，用于回答上述决策类问题。这是因为概率论与数理统计本质上是一种描述性理论，它通过观察事物的大量外部表现，而不是其内在的物理机理，来总结其中的规律并加以应用。因此，基于概率论与数理统计相关理论的方法，天然具有超越各型具体装备特点的普遍性，有可能适用各型装备。

掌握装备贮存寿命分布规律，是回答上述问题的前提，也是从事贮存、延寿实际工作面临的首要难题。其之所以困难，是因为常规的数理统计方法只能通过处理以寿命型数据为主体、规模足够的样本数据来获得寿命分布规律。但雷弹装备"长期贮存、一次使用、价格高昂"的特点，使得获取足够数量的贮存寿命型数据需要在时间和经费上付出极大的代价。从实际工作来看，部队也的确难以获得足够数量的贮存寿命型数据。本书利用雷弹装备在贮存期间积累的大量状态检查结果数据，来探知装备的贮存寿命规律。该技术手段在现实中不仅可行，而且从仿真验证结果来看，误差可知、结果可信，为顺利解决后续的贮存、延寿决策类问题提供了一种可行的技术途径。

针对上述基本决策类问题,本书结合实际工作场景进行具体化并给出具体方法。例如,在给出一般的贮存效果评估方法后,针对贮存失效情况给出首次贮存的初始方案制订方法和后续贮存的补充方案制订方法;针对贮存期间由失效导致的维修工作,从维修的物质资源(备件)角度,给出随机检修、串件拼修等场景下维修备件需求量计算方法;针对延寿工作,给出到期、整修等延寿场景下的延寿方案优化方法。

简而言之,本书的"第一读者"是从事雷弹装备贮存延寿相关工作的管理者,或在将来从事该管理工作的雷弹专业学员。此外,对于具体从事雷弹装备贮存、延寿工作的技术人员,本书也是一本极有价值的参考书,它有助于技术人员进一步提炼从贮存、延寿具体工作中获得的经验,使之能适用更多型号的装备,更科学、更合理地开展贮存延寿工作。

2. 撰写原则

在撰写本书的过程中,遵循以下原则选择相关研究成果。

1) 近似可行的原则

对于一个目前理论上还没有完美解决方法的问题,未必不能先给出一些工程上的近似解决方法,这是因为工作总要继续向前推进。与其等待完美解决问题的方法而使工作长期停滞不前,不如接受近似方法的不完美,接受能解决 70%～80%问题的现实,从而把一个大问题降解为若干小问题,并对暂时无法解决的小问题保持警惕,做好应对准备。例如,第 2 章给出的贮存寿命的估计方法就是一种更多来源于数学直觉,而目前无法给出严格理论证明的近似方法。

2) 具体落实的原则

探讨问题不仅要坐而论道,更要落实到具体内容、具体细节,要从定性落地到定量。上面列出的决策类问题其实还不是雷弹装备管理者面临的最终问题,还有相当的细节部分有待具体落实。因此,本书把贮存模式细分为整体贮存和模块化贮存,把贮存方案细分为初始方案和补充方案,把维修场景细分为随机检修和串件拼修等,对这些具体问题给出具体方法。幸运的是,在雷弹装备贮存、延寿工作的各种具体决策问题中往往也有一些共性的内容,这些共性的内容大多表现为概率论与数理统计的某些概念、某个定理。这些抽象的概念和定理被具体理解之后,也就自然而然地成为解决这类问题的一般性思路。

3) 仿真验证的原则

对于本书中给出的方法,尽力做到理论上有支撑、仿真上已验证。对于能得到理论支撑的方法,其正确性自然是有保障的。本书有时还是会点明理论的支撑点在哪里,发现以前认为抽象得不可理喻的数学概念和定理,如今却出现在具体的贮存、延寿工作中,颇有"众里寻他千百度,蓦然回首,那人却在,灯火阑珊处"的感慨。这种感慨不仅值得与读者分享,更增强了对这些数学理论的具体认识,有利于在其他工作问题中再次发现这些数学理论的踪影并加以应用。对于近似方法,仿真验证就更有必要了。从仿真结果中不仅可以知道近似方法的准确性如何、误差的程度多大,更有助于掌握这些方法的适用条件和范围。本书中涉及的贮存、延寿仿真模型属于离散事件仿真范畴,这些仿真模型的流程大多正是贮存、延寿的工作过程。只要对这些工作过程的理解不存在大的偏差,仿真模型的正确性就能得到保证,其关于近似方法的验证结果也就可信。

第2章　贮存寿命的估计方法

2.1　概　　述

贮存寿命是水雷、鱼雷和导弹等装备的重要属性,掌握贮存寿命规律是开展雷弹装备贮存和延寿等工作的基础。雷弹装备具有"长期贮存、一次使用、价格高昂"的特点,研究雷弹装备贮存寿命的技术路线大致有两种:一种是着眼于贮存失效的物理机制[1,2],利用自然贮存试验或加速贮存试验开展研究;另一种是利用数理统计工具,通过分析贮存寿命的相关数据,获得贮存寿命的统计分布规律[3]。本书的技术路线属于后者。

第一种技术路线的主要困难在于自然贮存试验周期太长,加速贮存试验结果如何"外推"到自然贮存试验中难度较大;第二种技术路线的主要困难在于难以获得足够数量的样本寿命型数据。

贮存寿命是指从开始贮存到贮存失效这一持续时间的长度。要捕捉到贮存失效时刻,就需要配备专门的在线状态监测设备。在实际贮存中,雷弹装备往往无法配备这样的监测设备,而是通过定期/不定期装备状态检查来掌握装备的贮存完好性情况。

在以数理统计方法研究雷弹装备贮存寿命分布规律的技术路线中,把拥有足够数量的寿命型数据作为前提是不现实的。本书以拥有足够数量的装备状态检查数据为前提,研究雷弹装备的贮存寿命分布规律,更具可行性、可操作性。

假定装备开始贮存时刻为零时刻,如果在装备检查时刻 T_c,装备状态为完好,那么意味着该装备的贮存寿命 $X > T_c$;如果装备状态失效,那么意味着该装备的寿命 $X < T_c$。与有准确数值的寿命 X 相比,检查时刻 T_c 及其状态(完好或失效)是删失了部分信息的寿命型数据,这种寿命型数据称为删失型数据[4]。文献[4]是国内研究删失型数据较为全面和权威的著作。针对基于删失型数据的可靠性问题,陈家鼎[4]探讨了理论上的各种研究思路,得出一个基本结论:在利用删失型数据估计寿命分布参数方面,目前还没有能通过理论严格证明的方法。

不过,一些工程近似方法也陆续投入使用,并取得了较好的效果。例如,文献[5]的案例3针对贮存寿命服从指数分布的情况,基于上述删失型数据给出了一种极小卡方近似估计失效率参数的方法,为某型弹药的最终成功延寿提供了理论支撑。该文献中未提及其他寿命分布类型的情况。

在雷弹装备的实际贮存期间,尤其是在鱼雷领域,由于对雷库内的鱼雷有定期检查装备状态的工作要求,因此留存了大量上述形如检查时刻 T_c 及其状态(完好或失效)的数据。如果能基于这种删失型数据,在工程上给出一种近似估计寿命分布参数的方法,那么将具有巨大的军事效益。

雷弹装备通常具有多层级的结构特点,按照从低到高的次序,常见的层级划分有元器件、零部件、组件、装备、分系统、系统等。本书把可维修的、处于最底层结构的产品称为单元。由于单元的组成更单一、更纯粹,因此其寿命分布更可能符合标准的指数分布、伽马分布、对数正态分布、正态分布和韦布尔分布等,易于在理论上开展研究。

本书按照"遍历参数＋极大似然"的思路,给出近似估计寿命分布参数的方法。下面按照不同的场景具体阐述。

本书中若无特别指出,价格和费用的单位为元。在缺省情况下,尤其针对贮存时,寿命的单位为年。实际上,寿命是物理单位极其广泛的概念,除了常见的时间单位,还有许多其他单位,如电池的充电次数、炮管的发射次数、车辆的行驶里程等。因此,本书中有时会出现忽略寿命单位的情况。同样的道理,任务时间只是一种关于任务量的说法,除了常见的年、月、日、小时等单位,也有其他物理单位,如对于车辆的任务也常用行驶里程来描述。因此,当本书出现忽略寿命和任务时间单位的情况时,请读者在更广泛的意义上解读寿命和任务时间。

2.2　仓库贮存场景

通常会定期/不定期对仓库中贮存的雷弹装备进行检查,掌握贮存装备的完好性状态。它的特点是:仓库内的装备一般是按批次大量贮存,检查时也是按批次(抽样)检查。

为论述方便,下面以贮存寿命服从指数分布的单元为例进行论述。

一般来说,电子零部件等单元的寿命服从指数分布,如印制电路板插件、电子部件、电阻、电容、集成电路等[6]。指数型单元指寿命服从指数分布的单元,寿命 X 服从指数分布记作 $X \sim \mathrm{Exp}(\mu)$,μ 为指数分布的均值参数,X 的密度函数为 $f(x) = \dfrac{1}{\mu}\mathrm{e}^{-\frac{x}{\mu}}$。

记 μ_j 为 μ 的某个估计值,在第 i 次检查中,检查时刻记为 T_{c_i}(以开始贮存时刻为零时刻),对同一批次的单元进行完好性检查,则单元完好的概率 Pr_i 为其可靠度,其表达式为

$$\mathrm{Pr}_i = P(x > T_{c_i}) = \mathrm{e}^{\frac{-T_{c_i}}{\mu_j}} \qquad (2.2.1)$$

单元失效的概率 Pf_i 为 $1-Pr_i$，该批次单元数量为 N_i，本次检查中完好单元的数量为 Nr_i，失效单元的数量为 Nf_i，则该检查结果发生的概率为

$$P_i = C_{N_i}^{Nr_i} Pr_i^{Nr_i} (1-Pr_i)^{Nf_i} = C_{N_i}^{Nr_i} \left(e^{\frac{-Tc_i}{\mu_j}} \right)^{Nr_i} \left(1-e^{\frac{-Tc_i}{\mu_j}} \right)^{Nf_i} \quad (2.2.2)$$

k 次检查结果发生的概率为 $\prod_{i=1}^{k} P_i$。$\prod_{i=1}^{k} P_i$ 可视为似然函数，反映了参数估计值 μ_j 对真值 μ 的似然程度。

可以从工程经验或专家经验出发，给出真值参数 μ 的取值范围 $[\mu_{min}, \mu_{max}]$，在该范围内以等步长的方式选定 n 个候选参数 $\mu_j (1 \leqslant j \leqslant n)$，然后遍历计算各候选参数 μ_j 对应的似然值，按照极大似然思想，最后取似然函数最大值对应的参数作为寿命分布参数的估计值。

例 2.2.1 表 2.2.1 是文献[5]在某型弹药延寿项目中某指数型单元贮存数据，试按照"遍历参数＋极大似然"计算其贮存寿命分布的均值参数。

表 2.2.1　某指数型单元贮存数据

贮存时间/年	1	2	3	4	5	6	7
容量 N_i	158	204	184	153	211	136	187
数量(寿命>贮存时间)Nr_i	158	204	180	146	206	129	174

解　假定真值参数 μ 的取值范围为 $[1,200]$，以 1 年为步长选择 200 个候选参数 $\mu_j (1 \leqslant j \leqslant 200)$，按照上述方法计算各候选参数对应的似然值。经比较发现：当 $\mu_{134}=134$ 时，其似然值为 7.6563×10^{-67}，是其中的最大值。因此，该指数型单元的均值参数估计值为 134。

文献[5]给出的参数估计结果为 $\hat{\mu}=121.0$。表 2.2.2 列出两种参数估计结果对应的贮存可靠度估计结果。由于无法知道该单元寿命参数的实际真值，因此无法判断这两种结果孰优孰劣。但从表 2.2.2 来看，两者的可靠度结果至少是较接近的。

表 2.2.2　贮存可靠度估计结果

贮存时间/年	8	9	10	11	12	13	14	15
$\hat{\mu}=121$ 时的可靠度	0.936	0.928	0.921	0.913	0.906	0.898	0.891	0.883
$\tilde{\mu}=134$ 时的可靠度	0.942	0.935	0.928	0.921	0.914	0.908	0.901	0.894

为了解"遍历参数＋极大似然"方法的准确性，可建立以下仿真模型来模拟对单元的检查过程，用于仿真验证。

假定单元的实际寿命服从指数分布 $Exp(\mu)$，共进行 k 次检查，记第 i 次检查的时刻为 Tc_i（同批次的单元同时开始贮存），第 i 批次的单元数量为 N_i。单元检

查的仿真模型如下：

(1) 令 $i=1$。

(2) 随机产生 N_i 个随机数 simT_{ij} ($1{\leqslant}j{\leqslant}N_i$)，这些随机数服从指数分布 $\mathrm{Exp}(\mu)$，用于模拟单元的寿命值。

(3) 在 simT_{ij} ($1{\leqslant}j{\leqslant}N_i$) 中，找到大于 Tc_i 的随机数，其为完好单元的数量记为 Nr_i，失效单元数量 Nf_i 为 $N_i-\mathrm{Nr}_i$。

(4) 更新 i，令 $i=i+1$。若 $i{\leqslant}k$，则转 (2)，否则本次模拟结束。

对于模拟得到的删失型数据 Tc_i、Nr_i、Nf_i，可采用本章方法来估计单元寿命的分布参数。对于模拟得到的寿命型数据 simT_{ij}，可采用理论上成熟的方法来估计单元寿命的分布参数。

对于统计规律，规律暴露得越充分，人们认识得可能越准确。尤其是删失型数据，先天性地缺少了部分寿命信息，因此上述估计方法对样本数量的要求一定高于寿命型数据。样本数量取决于检查批次、各批次的单元数量。此外，第一次检查和最后一次检查之间的时间跨度也反映了规律的暴露程度。下面把该时间跨度与单元平均贮存寿命的比例称为检查时间跨度比例。

下面逐一验证上述方法对各种寿命分布类型的准确性程度。

2.2.1　指数型单元

假定某指数型单元的均值参数真值 μ 等于 20 年，以等间隔时间方式定期对其进行贮存完好性状态检查，该单元的开始贮存时间为零时刻，检查时间比例记为 TP，检查次数记为 k，各检查批次单元的数量（相同）记为 N。应用上述贮存仿真模型大量模拟后，可以对结果进行统计分析。μ 的估计范围为 1~40，令 TP 分别为 0.25、0.5、0.75，令 k 分别为 10、20，令 N 分别为 10、20、30，遍历组合后，基于寿命型和删失型两种数据的参数估计统计结果见表 2.2.3。

表 2.2.3　基于两种数据的参数估计统计结果（指数型单元）

序号	检查时间跨度比例	检查次数	各批次的单元数量	参数均值		参数根方差	
				寿命型数据	删失型数据	寿命型数据	删失型数据
1	0.25	10	10	20.00	21.46	1.97	6.42
2	0.25	10	20	19.98	20.83	1.43	4.59
3	0.25	10	30	19.96	20.64	1.15	3.67
4	0.25	20	10	19.93	20.75	1.39	4.44
5	0.25	20	20	20.00	20.24	0.99	2.84
6	0.25	20	30	20.00	20.23	0.82	2.44
7	0.5	10	10	20.10	20.78	1.98	4.56

序号	检查时间跨度比例	检查次数	各批次的单元数量	参数均值		参数根方差	
				寿命型数据	删失型数据	寿命型数据	删失型数据
8	0.5	10	20	19.95	20.38	1.40	3.22
9	0.5	10	30	19.99	20.31	1.14	2.47
10	0.5	20	10	20.10	20.56	1.40	3.15
11	0.5	20	20	20.01	20.21	1.01	2.21
12	0.5	20	30	20.03	20.11	0.82	1.75
13	0.75	10	10	19.99	20.57	1.98	4.06
14	0.75	10	20	19.92	20.19	1.38	2.53
15	0.75	10	30	19.99	20.07	1.11	2.13
16	0.75	20	10	19.98	20.20	1.37	2.60
17	0.75	20	20	19.96	20.11	1.00	1.90
18	0.75	20	30	20.05	20.19	0.83	1.54

图 2.2.1 是第 1 号(样本数量最少、检查时间跨度最短)参数估计的箱线图结果,图 2.2.2 是第 18 号(样本数量最多、检查时间跨度最长)参数估计的箱线图结果,图 2.2.3 是第 1~18 号使用寿命型数据的参数估计箱线图结果,图 2.2.4 是第 1~18 号使用删失型数据的参数估计箱线图结果。

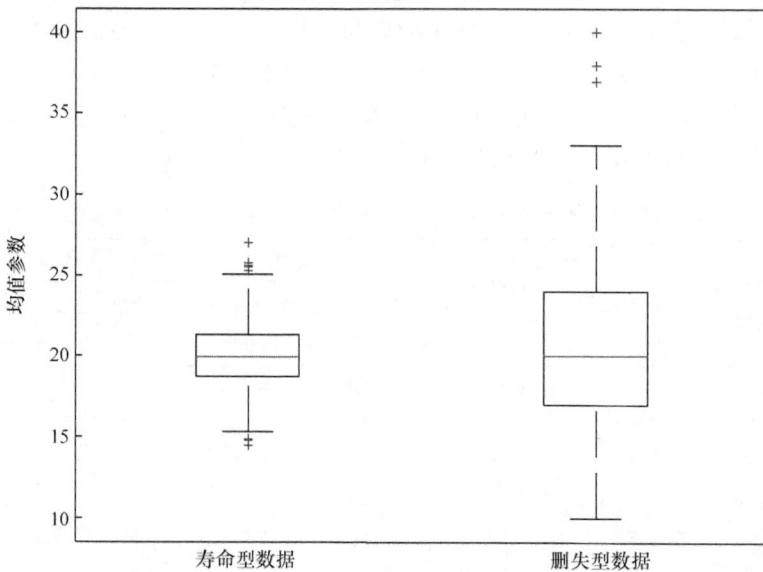

图 2.2.1　第 1 号参数估计的箱线图结果(指数型单元)

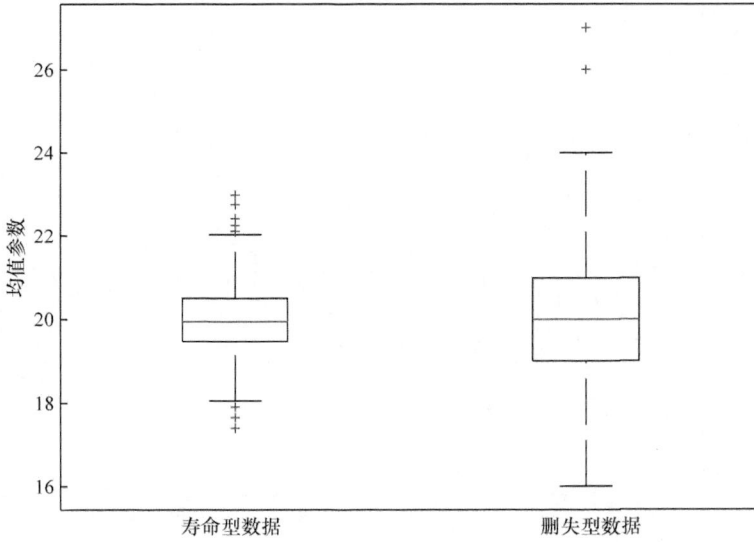

图 2.2.2　第 18 号参数估计的箱线图结果(指数型单元)

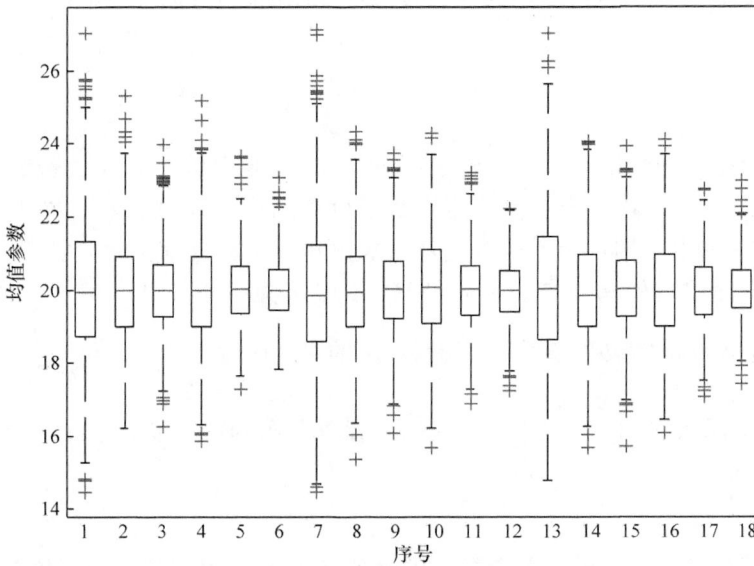

图 2.2.3　第 1～18 号使用寿命型数据的参数估计箱线图结果(指数型单元)

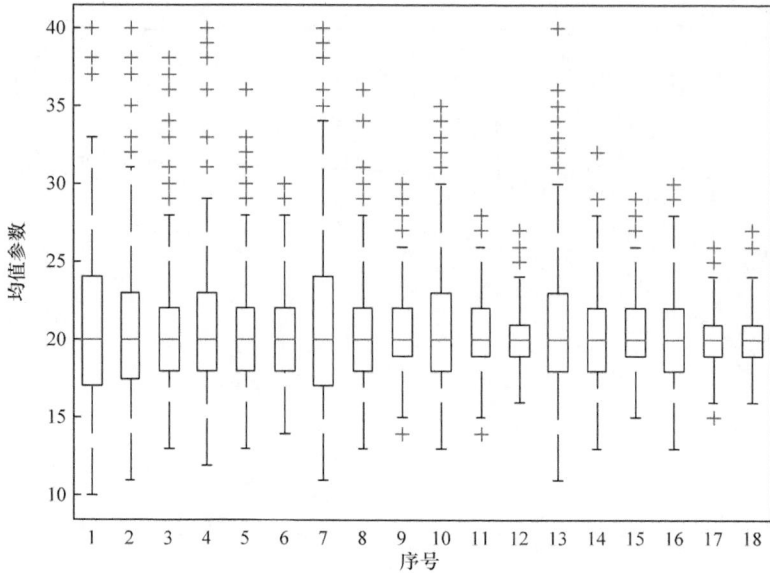

图 2.2.4　第 1~18 号使用删失型数据的参数估计箱线图结果（指数型单元）

上述结果与"样本数量越大、检查时间跨度比例越大，估计越准确"的预期是相符的。

2.2.2　伽马型单元

伽马分布常用来描述类似冲击引起的故障[7]，假设单元能经受若干次外界冲击，但当单元受冲击次数累积到一定次数时就会产生故障。例如，电网中存在着电涌现象，当一些电子器件承受的电涌冲击次数超过一定数量时就会发生故障。伽马型单元指寿命服从伽马分布的单元，寿命 X 服从伽马分布记作 $X \sim \mathrm{Ga}(\alpha, b)$，其中，$\alpha > 0$ 为形状参数，$b > 0$ 为尺度参数，X 的密度函数为 $f(x) = \dfrac{1}{b^{\alpha} \Gamma(\alpha)} x^{\alpha-1} \mathrm{e}^{-\frac{x}{b}}$，$\Gamma(\alpha)$ 为伽马函数，且 $\Gamma(\alpha) = \int_{0}^{\infty} x^{\alpha-1} \mathrm{e}^{-x} \mathrm{d}x$。伽马分布的可靠度 $\mathrm{Pr}_i = P(x > \mathrm{Tc}_i) = 1 - \dfrac{1}{b^{\alpha} \Gamma(\alpha)} \int_{0}^{\mathrm{Tc}_i} x^{\alpha-1} \mathrm{e}^{\frac{-x}{b}} \mathrm{d}x$。

假定某伽马型单元的形状参数 α 的真值等于 2，尺度参数 b 的真值等于 10，平均贮存寿命为 20 年，该单元的开始贮存时间为零时刻。应用上述贮存仿真模型大量模拟后，可以对结果进行统计分析。α 的估计范围为 1.1~4.0，b 的估计范围为 1~20，令检查时间跨度比例 TP 分别为 0.25、0.5、0.75，令检查次数 k 分别为 10、20，令各检查批次的单元数量 N 分别为 20、30、40，遍历组合后，具体结果见表 2.2.4。

表 2.2.4 基于两种数据的参数估计统计结果（伽马型单元）

| 序号 | 检查时间跨度比例 | 检查次数 | 各批次的单元数量 | 形状参数 | | | | 尺度参数 | | | |
| | | | | 均值 | | 根方差 | | 均值 | | 根方差 | |
				寿命型数据	删失型数据	寿命型数据	删失型数据	寿命型数据	删失型数据	寿命型数据	删失型数据
1	0.25	10	20	2.03	2.53	0.19	0.89	9.91	9.71	1.03	6.21
2	0.25	10	30	2.02	2.41	0.16	0.83	9.95	10.19	0.86	6.08
3	0.25	10	40	2.02	2.36	0.13	0.79	9.98	10.27	0.72	5.79
4	0.25	20	20	2.02	2.37	0.14	0.82	9.96	10.30	0.74	5.97
5	0.25	20	30	2.01	2.23	0.11	0.73	9.99	10.90	0.61	5.58
6	0.25	20	40	2.01	2.23	0.09	0.71	9.97	10.82	0.55	5.51
7	0.5	10	20	2.02	2.17	0.19	0.63	9.98	10.88	1.05	5.10
8	0.5	10	30	2.02	2.17	0.16	0.61	9.97	10.75	0.86	4.88
9	0.5	10	40	2.01	2.13	0.13	0.56	9.99	10.77	0.75	4.56
10	0.5	20	20	2.02	2.17	0.14	0.57	9.95	10.48	0.77	4.65
11	0.5	20	30	2.01	2.09	0.11	0.52	10.00	10.89	0.61	4.40
12	0.5	20	40	2.01	2.07	0.09	0.45	10.00	10.73	0.54	3.98
13	0.75	10	20	2.02	2.14	0.19	0.65	9.95	10.87	1.04	4.64
14	0.75	10	30	2.01	2.09	0.16	0.54	10.00	10.81	0.88	4.06
15	0.75	10	40	2.01	2.11	0.14	0.51	10.00	10.44	0.77	3.73
16	0.75	20	20	2.02	2.09	0.14	0.53	9.94	10.70	0.76	3.84
17	0.75	20	30	2.01	2.06	0.11	0.45	9.99	10.55	0.61	3.37
18	0.75	20	40	2.01	2.06	0.09	0.39	9.98	10.35	0.51	2.96

　　图 2.2.5 是第 1 号(样本数量最少、检查时间跨度最短)参数估计的箱线图结果,图 2.2.6 是第 18 号(样本数量最多、检查时间跨度最长)参数估计的箱线图结果,图 2.2.7 是第 1～18 号分别使用寿命型数据和删失型数据估计形状参数的箱线图结果,图 2.2.8 是第 1～18 号分别使用寿命型数据和删失型数据估计尺度参数的箱线图结果。

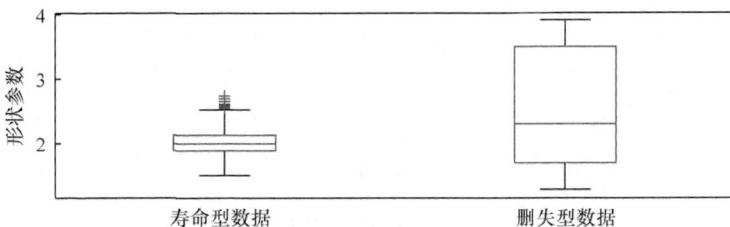

(a) 形状参数

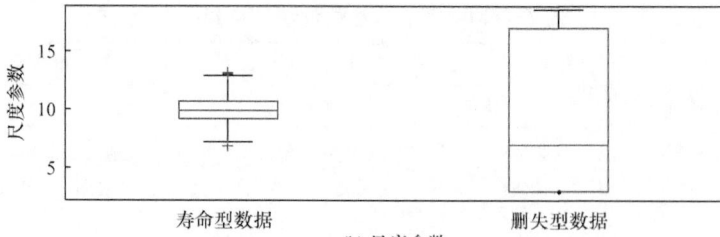

(b) 尺度参数

图 2.2.5　第 1 号参数估计的箱线图结果(伽马型单元)

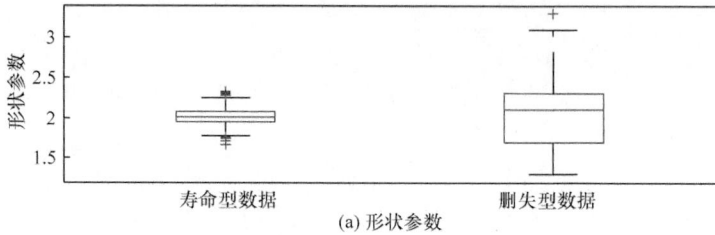

(a) 形状参数

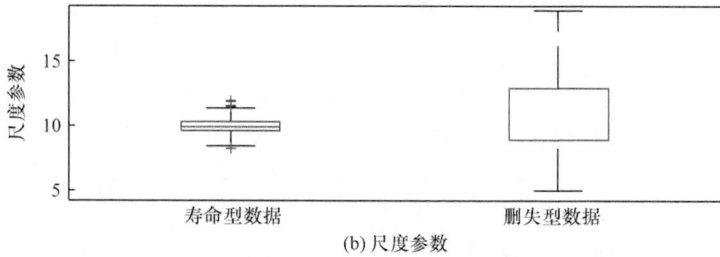

(b) 尺度参数

图 2.2.6　第 18 号参数估计的箱线图结果(伽马型单元)

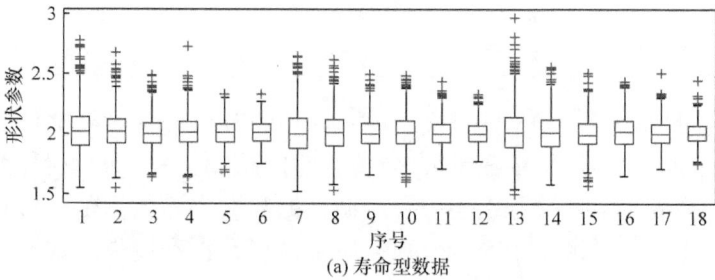

(a) 寿命型数据

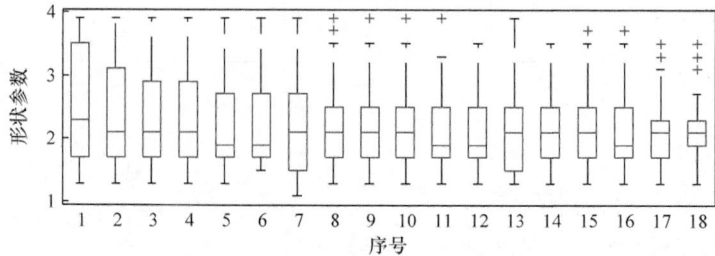

(b) 删失型数据

图 2.2.7　第 1~18 号估计形状参数的箱线图结果(伽马型单元)

(a) 寿命型数据

(b) 删失型数据

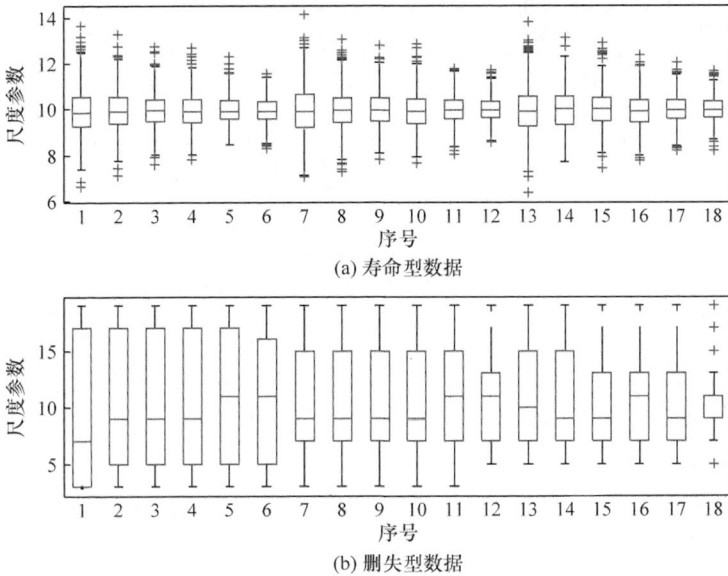

图 2.2.8　第 1～18 号估计尺度参数的箱线图结果(伽马型单元)

2.2.3　对数正态型单元

对数正态分布是可靠性中常用的寿命分布,许多单元(如绝缘体、半导体元器件、金属疲劳件等)的寿命都服从对数正态分布[7]。对数正态型单元指寿命服从对数正态分布的单元,寿命 X 服从对数正态分布记作 $X \sim \mathrm{LN}(\mu, \sigma^2)$,其中 μ 为对数均值参数,σ 为对数根方差参数,X 的密度函数为 $f(x) = \dfrac{1}{\sigma x \sqrt{2\pi}} \mathrm{e}^{\frac{-(\ln x - \mu)^2}{2\sigma^2}}$。对数正态分布的可靠度 $\mathrm{Pr}_i = P(x > \mathrm{Tc}_i) = 1 - \dfrac{1}{\sigma \sqrt{2\pi}} \int_0^{\mathrm{Tc}_i} \dfrac{\mathrm{e}^{\frac{-(\ln x - \mu)^2}{2\sigma^2}}}{x} \mathrm{d}x$。

假定某对数正态型单元的对数均值参数 μ 的真值等于 3,对数根方差参数 σ 的真值等于 0.5,平均贮存寿命为 22.7 年,以等间隔时间方式定期对其进行贮存完好性状态检查,该单元的开始贮存时间为零时刻。应用上述贮存仿真模型大量模拟后,可以对结果进行统计分析。μ 的估计范围为 0.4～6.0,σ 的估计范围为 0.1～2,令检查时间跨度比例 TP 分别为 0.25、0.5、0.75,令检查次数 k 分别为 10、20,令各检查批次的单元数量 N 分别为 20、30、40,遍历组合后,具体结果见表 2.2.5。

表 2.2.5　基于两种数据的参数估计统计结果（对数正态型单元）

序号	检查时间跨度比例	检查次数	各批次的单元数量	对数均值				对数根方差			
				参数均值		参数根方差		参数均值		参数根方差	
				寿命型数据	删失型数据	寿命型数据	删失型数据	寿命型数据	删失型数据	寿命型数据	删失型数据
1	0.25	10	20	3.00	2.69	0.03	0.03	0.50	0.20	0.46	0.28
2	0.25	10	30	3.00	2.68	0.03	0.02	0.50	0.22	0.49	0.28
3	0.25	10	40	3.00	2.73	0.03	0.02	0.50	0.26	0.69	0.34
4	0.25	20	20	3.00	2.73	0.02	0.02	0.50	0.25	0.64	0.32
5	0.25	20	30	3.00	2.74	0.02	0.01	0.50	0.28	0.69	0.33
6	0.25	20	40	3.00	2.85	0.02	0.01	0.50	0.34	0.81	0.37
7	0.5	10	20	3.00	3.09	0.04	0.03	0.50	0.54	0.48	0.28
8	0.5	10	30	3.00	3.04	0.03	0.02	0.50	0.51	0.34	0.20
9	0.5	10	40	3.00	3.06	0.02	0.02	0.50	0.52	0.32	0.20
10	0.5	20	20	3.00	3.09	0.02	0.02	0.50	0.54	0.35	0.21
11	0.5	20	30	3.00	3.06	0.02	0.02	0.50	0.53	0.28	0.16
12	0.5	20	40	3.00	3.06	0.02	0.01	0.50	0.54	0.24	0.14
13	0.75	10	20	3.00	3.04	0.03	0.02	0.50	0.52	0.17	0.15
14	0.75	10	30	3.00	3.03	0.02	0.02	0.50	0.53	0.13	0.12
15	0.75	10	40	3.00	3.03	0.02	0.02	0.50	0.52	0.10	0.09
16	0.75	20	20	3.00	3.03	0.02	0.02	0.50	0.52	0.12	0.11
17	0.75	20	30	3.00	3.02	0.02	0.02	0.50	0.52	0.09	0.08
18	0.75	20	40	3.00	3.02	0.02	0.01	0.50	0.52	0.08	0.07

图 2.2.9 是第 1 号（样本数量最少、检查时间跨度最短）参数估计的箱线图结果，图 2.2.10 是第 18 号（样本数量最多、检查时间跨度最长）参数估计的箱线图结果，图 2.2.11 是第 1~18 号分别使用寿命型数据和删失型数据估计对数均值参数的箱线图结果，图 2.2.12 是第 1~18 号分别使用寿命型数据和删失型数据估计对数根方差参数的箱线图结果。

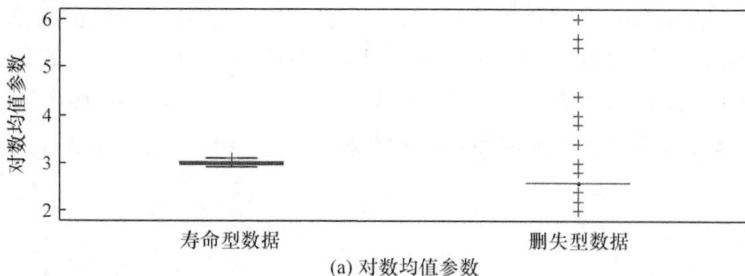

(a) 对数均值参数

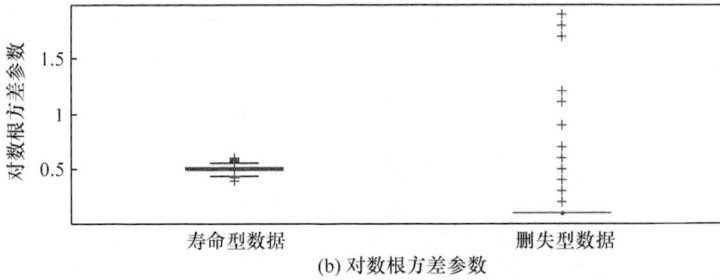

(b) 对数根方差参数

图 2.2.9　第 1 号参数估计的箱线图结果(对数正态型单元)

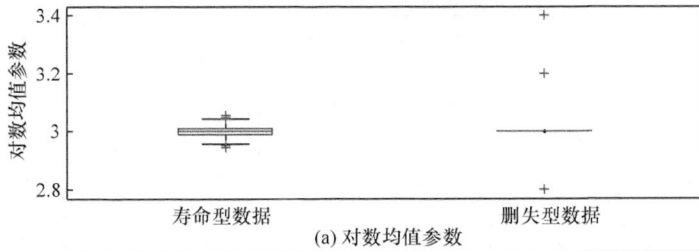

(a) 对数均值参数

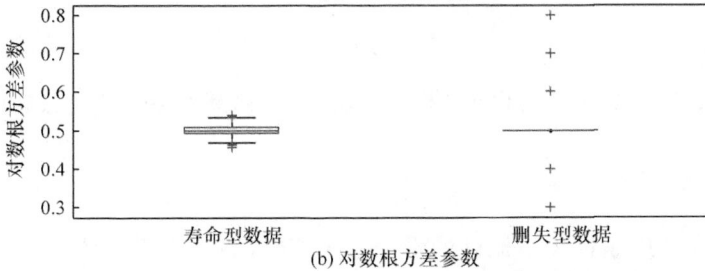

(b) 对数根方差参数

图 2.2.10　第 18 号参数估计的箱线图结果(对数正态型单元)

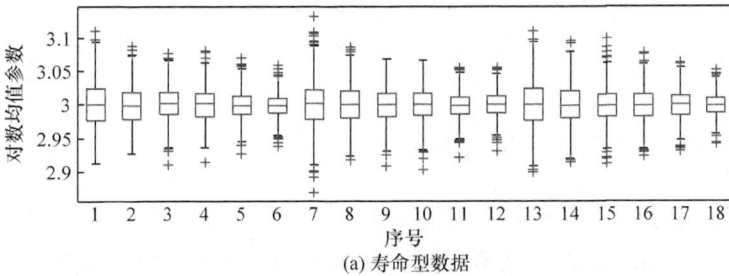

(a) 寿命型数据

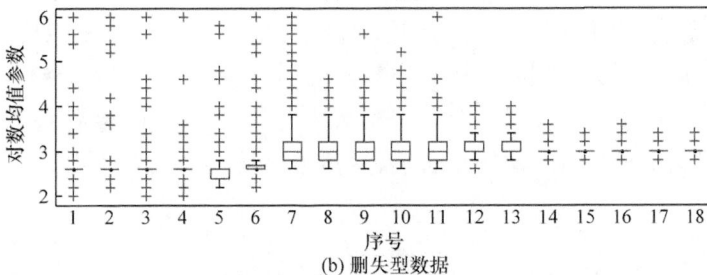

(b) 删失型数据

图 2.2.11　第 1～18 号估计对数均值参数的箱线图结果(对数正态型单元)

(a) 寿命型数据

(b) 删失型数据

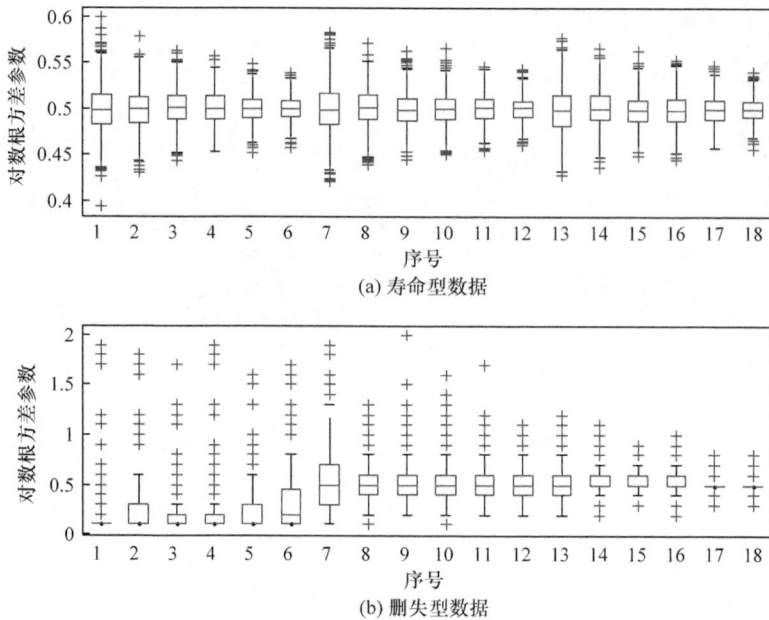

图 2.2.12 第 1～18 号估计对数根方差参数的箱线图结果(对数正态型单元)

2.2.4 正态型单元

正态分布常用于描述机械件的寿命分布情况,如汇流环、齿轮箱、减速器等[6]。正态型单元指寿命服从正态分布的单元,寿命 X 服从正态分布记作 $X \sim N(\mu, \sigma^2)$,其中,μ 为均值参数,σ 为根方差参数,X 的密度函数为 $f(x) = \dfrac{1}{\sigma\sqrt{2\pi}}\mathrm{e}^{\frac{-(x-\mu)^2}{2\sigma^2}}$。正态分布的可靠度 $\mathrm{Pr}_i = P(x > \mathrm{Tc}_i) = 1 - \dfrac{1}{\sigma\sqrt{2\pi}}\displaystyle\int_{-\infty}^{\mathrm{Tc}_i}\mathrm{e}^{\frac{-(x-\mu)^2}{2\sigma^2}}\,\mathrm{d}x$。

假定某正态型单元的均值参数 μ 的真值等于 20,根方差参数 σ 的真值等于 8,平均贮存寿命为 20 年,以等间隔时间方式定期对其进行贮存完好性状态检查,该单元的开始贮存时间为零时刻。应用上述贮存仿真模型大量模拟后,可以对结果进行统计分析。μ 的估计范围为 2～30,σ 的估计范围为 1～20,令检查时间跨度比例 TP 分别为 0.25、0.5、0.75,令检查次数 k 分别为 10、20,令各检查批次的单元数量 N 分别为 20、30、40,遍历组合后,具体结果见表 2.2.6。

表 2.2.6 基于两种数据的参数估计统计结果（正态型单元）

序号	检查时间跨度比例	检查次数	各批次的单元数量	均值参数				根方差参数			
				均值		根方差		均值		根方差	
				寿命型数据	删失型数据	寿命型数据	删失型数据	寿命型数据	删失型数据	寿命型数据	删失型数据
1	0.25	10	20	19.99	19.86	0.59	8.14	7.99	7.77	0.41	4.16
2	0.25	10	30	20.00	21.49	0.46	7.92	7.99	8.56	0.33	3.89
3	0.25	10	40	19.99	21.42	0.41	7.65	8.00	8.63	0.28	3.79
4	0.25	20	20	19.98	22.10	0.40	7.42	7.99	8.90	0.28	3.60
5	0.25	20	30	19.98	21.56	0.31	7.06	8.00	8.67	0.23	3.39
6	0.25	20	40	19.99	22.20	0.29	6.65	7.99	8.96	0.20	3.20
7	0.5	10	20	20.00	21.15	0.56	5.65	7.99	8.61	0.41	3.49
8	0.5	10	30	19.98	21.11	0.45	5.06	8.00	8.63	0.34	3.07
9	0.5	10	40	20.00	21.18	0.41	4.85	8.00	8.68	0.29	2.96
10	0.5	20	20	19.98	21.36	0.42	4.91	8.00	8.74	0.27	2.91
11	0.5	20	30	20.00	20.94	0.33	4.24	7.99	8.51	0.23	2.53
12	0.5	20	40	20.00	20.93	0.29	3.90	8.00	8.53	0.20	2.32
13	0.75	10	20	19.97	20.61	0.55	3.30	7.98	8.36	0.40	2.57
14	0.75	10	30	19.98	20.67	0.47	2.89	7.97	8.43	0.34	2.26
15	0.75	10	40	19.99	20.36	0.39	2.37	7.99	8.23	0.28	1.83
16	0.75	20	20	19.99	20.47	0.41	2.56	8.00	8.33	0.28	1.96
17	0.75	20	30	20.00	20.40	0.33	1.97	8.00	8.27	0.23	1.50
18	0.75	20	40	19.99	20.34	0.28	1.76	7.99	8.25	0.20	1.33

图 2.2.13 是第 1 号(样本数量最少、检查时间跨度最短)参数估计的箱线图结果,图 2.2.14 是第 18 号(样本数量最多、检查时间跨度最长)参数估计的箱线图结果,图 2.2.15 是第 1～18 号分别使用寿命型数据和删失型数据估计均值参数的箱

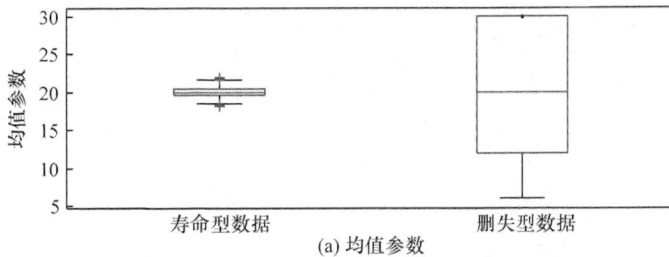

(a) 均值参数

(b) 根方差参数

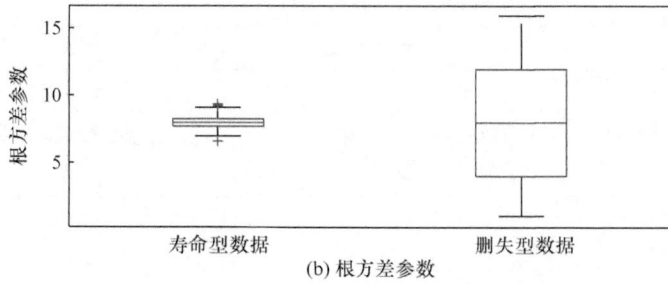

图 2.2.13　第 1 号参数估计的箱线图结果（正态型单元）

线图结果，图 2.2.16 是第 1～18 号分别使用寿命型数据和删失型数据估计根方差参数的箱线图结果。

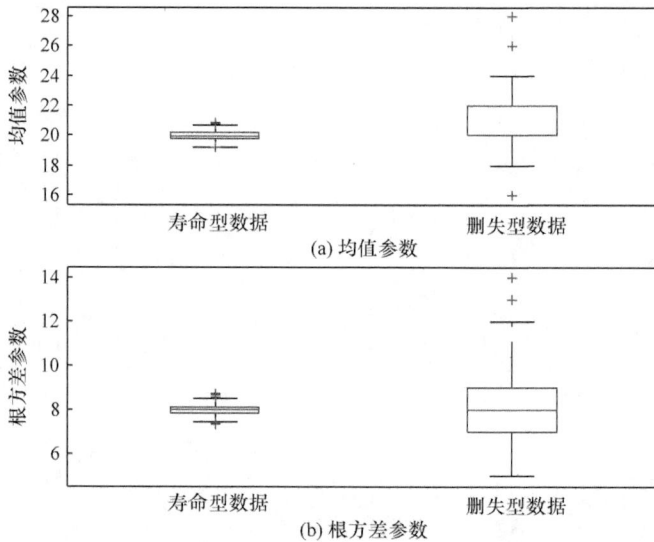

(a) 均值参数

(b) 根方差参数

图 2.2.14　第 18 号参数估计的箱线图结果（正态型单元）

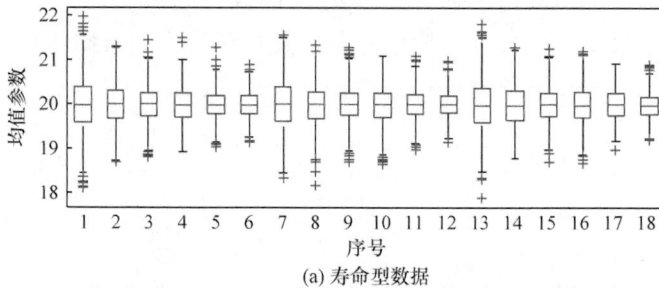

(a) 寿命型数据

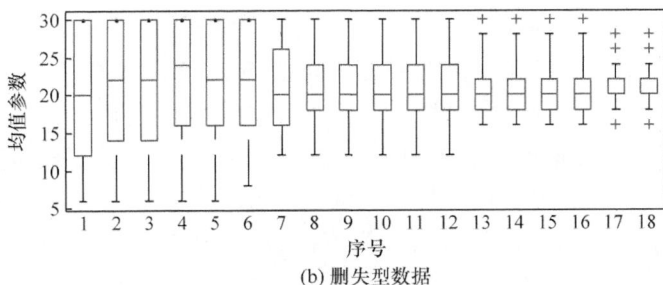

(b) 删失型数据

图 2.2.15　第 1～18 号估计均值参数的箱线图结果(正态型单元)

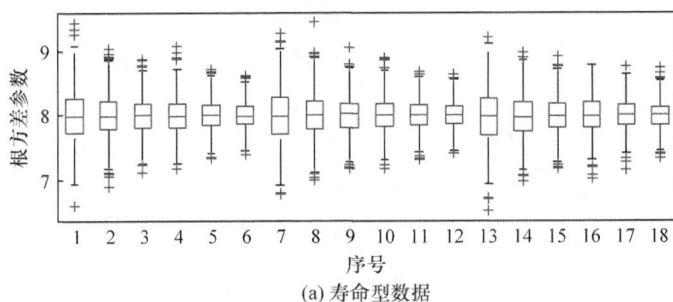

(a) 寿命型数据

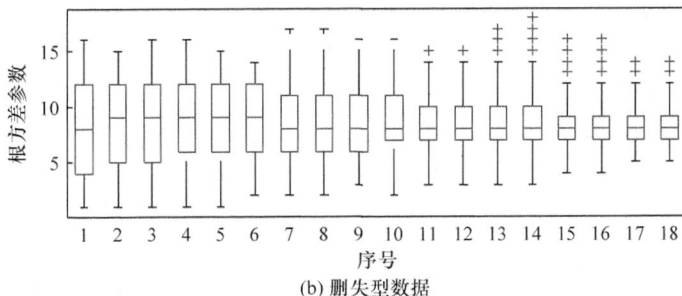

(b) 删失型数据

图 2.2.16　第 1～18 号估计根方差参数的箱线图结果(正态型单元)

由于正态分布具有集中失效的特点,因此当检查时间跨度比例小于 0.5 时,失效单元的数量会很少,贮存规律暴露不充分,此时估计结果会有较大的根方差。

2.2.5　韦布尔型单元

机电件寿命一般服从韦布尔分布,如滚珠轴承、继电器、蓄电池、液压泵、齿轮、材料疲劳件等[6],该分布适于描述老化导致的故障。韦布尔型单元指寿命服从韦布尔分布的单元,寿命 X 服从韦布尔分布记作 $X \sim W(\alpha, b)$,其中,尺度参数 $\alpha > 0$,在工程上形状参数 $b \geqslant 1$,X 的密度函数为 $f(x) = b\alpha^{-b}x^{b-1}\mathrm{e}^{-\left(\frac{x}{\alpha}\right)^b}$。韦布尔分布的可靠度$\mathrm{Pr}_i = P(x > \mathrm{Tc}_i) = \mathrm{e}^{-\left(\frac{\mathrm{Tc}_i}{\alpha}\right)^b}$。

假定某韦布尔型单元的尺度参数α的真值等于30,形状参数b的真值等于2,平均贮存寿命为26.6年,以等间隔时间方式定期对其进行贮存完好性状态检查,该单元的开始贮存时间为零时刻。应用上述贮存仿真模型大量模拟后,可以对结果进行统计分析。α的估计范围为10~50,b的估计范围为1.0~4,令检查时间跨度比例 TP 分别为 0.25、0.5、0.75,令检查次数 k 分别为 10、20,令各检查批次的单元数量 N 分别为 20、30、40,遍历组合后,具体结果见表 2.2.7。

表 2.2.7　基于两种数据的参数估计统计结果(韦布尔型单元)

序号	检查时间跨度比例	检查次数	各批次的单元数量	尺度参数				形状参数			
				均值		根方差		均值		根方差	
				寿命型数据	删失型数据	寿命型数据	删失型数据	寿命型数据	删失型数据	寿命型数据	删失型数据
1	0.25	10	20	29.95	31.97	1.11	18.56	2.01	2.62	0.12	1.02
2	0.25	10	30	29.97	31.34	0.89	17.65	2.01	2.52	0.09	0.93
3	0.25	10	40	29.92	33.03	0.79	18.03	2.01	2.41	0.08	0.91
4	0.25	20	20	29.99	33.53	0.79	17.48	2.01	2.38	0.08	0.89
5	0.25	20	30	29.95	33.34	0.65	16.55	2.00	2.30	0.06	0.80
6	0.25	20	40	29.99	32.35	0.55	15.48	2.00	2.26	0.06	0.73
7	0.5	10	20	30.01	32.10	1.14	12.32	2.02	2.27	0.11	0.76
8	0.5	10	30	29.96	32.90	0.92	11.72	2.01	2.14	0.09	0.66
9	0.5	10	40	29.96	32.38	0.78	10.45	2.01	2.11	0.08	0.58
10	0.5	20	20	30.04	32.49	0.77	11.13	2.01	2.14	0.08	0.61
11	0.5	20	30	29.98	32.18	0.64	9.36	2.00	2.07	0.06	0.50
12	0.5	20	40	30.00	31.78	0.58	8.41	2.00	2.05	0.06	0.44
13	0.75	10	20	29.99	31.37	1.08	7.88	2.01	2.12	0.11	0.57
14	0.75	10	30	29.97	31.70	0.93	6.61	2.01	2.04	0.09	0.48
15	0.75	10	40	30.03	30.78	0.80	5.23	2.00	2.05	0.08	0.40
16	0.75	20	20	30.00	31.14	0.81	5.95	2.01	2.05	0.08	0.42
17	0.75	20	30	29.98	30.69	0.66	4.28	2.01	2.03	0.07	0.32
18	0.75	20	40	30.01	30.48	0.58	3.73	2.00	2.02	0.06	0.28

图 2.2.17 是第 1 号(样本数量最少、检查时间跨度最短)参数估计的箱线图结果,图 2.2.18 是第 18 号(样本数量最多、检查时间跨度最长)参数估计的箱线图结

果,图 2.2.19 是第 1～18 号分别使用寿命型数据和删失型数据估计尺度参数的箱线图结果,图 2.2.20 是第 1～18 号分别使用寿命型数据和删失型数据估计形状参数的箱线图结果。

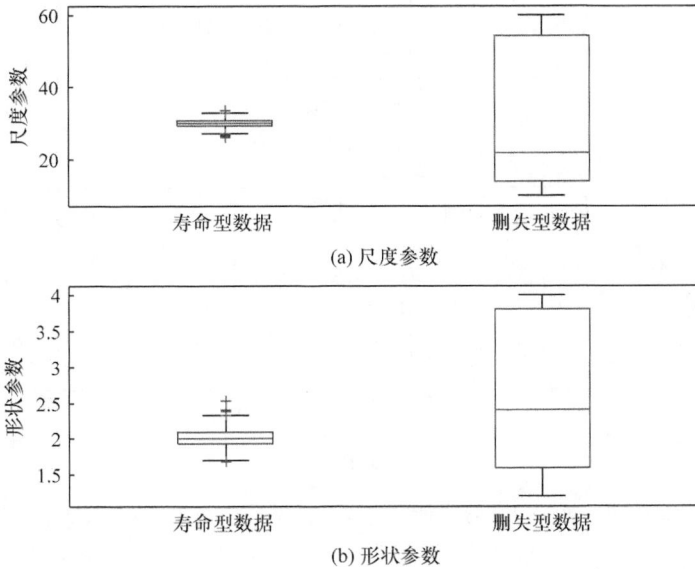

(a) 尺度参数

(b) 形状参数

图 2.2.17　第 1 号参数估计的箱线图结果(韦布尔型单元)

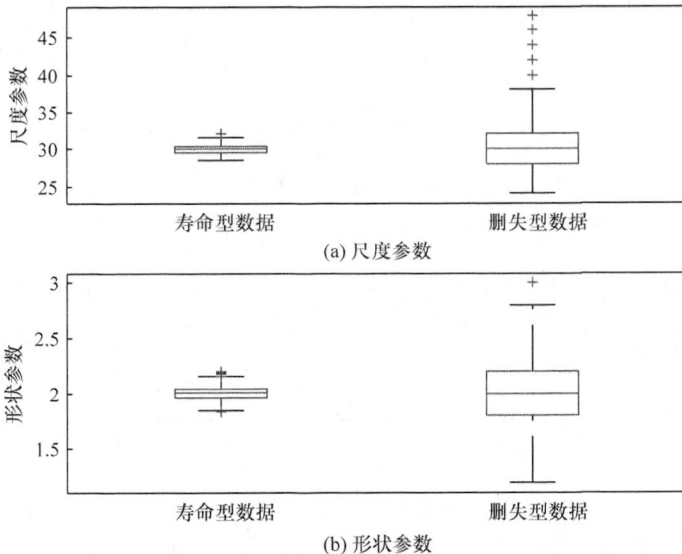

(a) 尺度参数

(b) 形状参数

图 2.2.18　第 18 号参数估计的箱线图结果(韦布尔型单元)

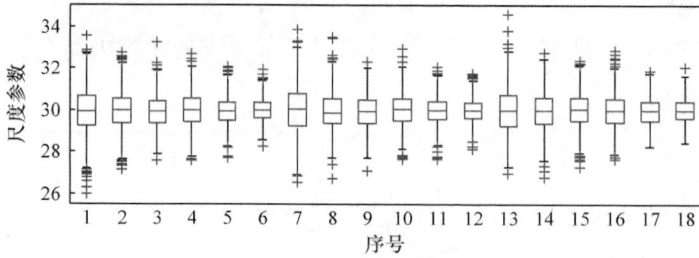

(a) 寿命型数据

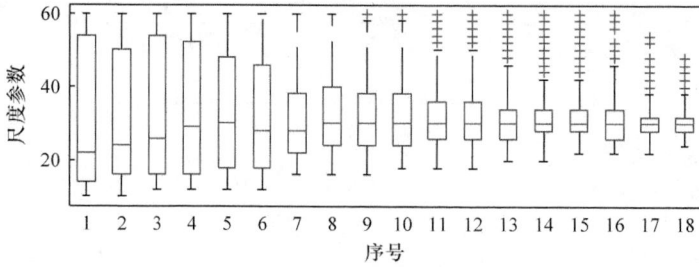

(b) 删失型数据

图 2.2.19 第 1～18 号估计尺度参数的箱线图结果(韦布尔型单元)

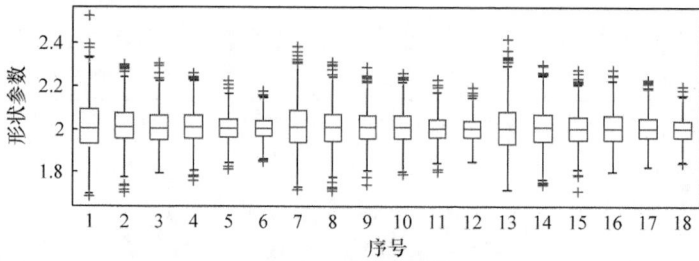

(a) 寿命型数据

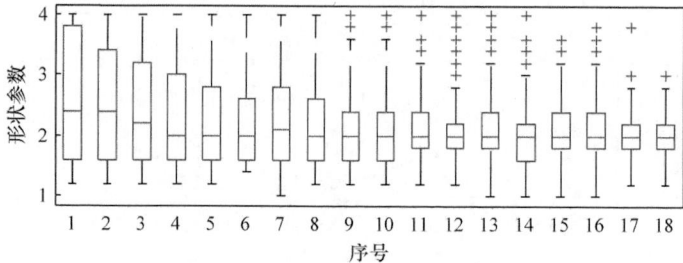

(b) 删失型数据

图 2.2.20 第 1～18 号估计形状参数的箱线图结果(韦布尔型单元)

2.3　可靠性试验场景

上述"遍历参数＋极大似然"的寿命分布参数估计思路,不仅可用于估计贮存寿命,也可用于估计工作寿命。

理论上,针对产品开展大量的可靠性试验,可获得足够数量的产品寿命型数据,然后可采用成熟的数理统计方法来估计出产品寿命 X 的分布类型和参数。在实际工作中,针对武器装备开展大量可靠性试验,往往意味着高昂的经济成本和漫长的试验耗时,因此更可行的做法是利用"少量的可靠性试验数据＋在产品研制、生产、使用等阶段产生的大量数据"这种混合型数据来估算产品寿命的分布规律。在产品的可靠性试验中,一般配备专门的在线检测设备,用于实时监测产品的完好性状态,及时记录产品的故障时刻,因此可获得产品寿命 X 的数值。但在产品研制、生产、使用等非可靠性试验场景下,不一定配备专门的在线检测设备,只能定期或不定期地对产品进行完好性检查,因而不能准确获知产品的故障时刻,也就无法获得寿命 X 的数值信息。

本节以[F　T]来统一描述这种由可靠性试验寿命型数据和产品其他阶段删失型数据混合而成的数据(以下简称为混合型数据)。当 T 为寿命 X 时,令 $F=0$;记产品的检查时刻为 T,当寿命 $X>T$ 时,产品状态检查结果为完好,令 $F=1$;当寿命 $X<T$ 时,产品状态检查结果为故障,令 $F=-1$。目前,在理论上还没有利用形如[F　T]的混合型数据准确估计产品寿命分布规律的方法。

为论述方便,下面以寿命服从指数分布的单元为例进行论述。

假定:指数型单元的寿命 X 服从指数分布,记作 $X \sim \mathrm{Exp}(\mu)$, μ 为指数分布的均值参数,单元投入使用时刻为零时刻。将收集到的混合型数据(少量的可靠性试验数据＋在产品研制、生产、使用等阶段产生的大量数据)在形式上统一表达为[F_i　T_i]($1 \leqslant i \leqslant k$),共有 k 组数据。

记 μ_j 为 μ 的某个估计值,对于第 i 组数据,系数 W_i 可表示为

$$W_i = \begin{cases} \dfrac{1}{\mu_j} \mathrm{e}^{\frac{-T_i}{\mu_j}}, & F_i = 0 \\[2mm] 1 - \mathrm{e}^{\frac{-T_i}{\mu_j}}, & F_i = -1 \\[2mm] \mathrm{e}^{\frac{-T_i}{\mu_j}}, & F_i = 1 \end{cases} \qquad (2.3.1)$$

在遍历计算后,令似然函数 $L_j = \prod\limits_{i=1}^{k} W_i$, L_j 反映了估计值 μ_j 对均值参数 μ 的似然程度。

可以从工程经验或专家经验出发,给出均值参数 μ 的取值范围[$\mu_{\min}, \mu_{\max}$],在该

范围内以等步长的方式选定 n 个候选参数 $\mu_j (1 \leqslant j \leqslant n)$，然后遍历计算各候选参数 μ_j 对应的似然值 L_j，最后取最大似然值对应的参数作为寿命分布参数的估计值。

例 2.3.1 某电子件的 $[F \quad T]$ 型可靠性数据如表 2.3.1 所示，由工程经验可知该电子件的寿命服从指数分布，试估计其均值参数。

表 2.3.1 某电子件的可靠性数据

序号	F	T	序号	F	T
1	-1	3515.0	11	-1	4154.0
2	1	320.0	12	0	44.2
3	0	111.2	13	-1	2876.0
4	-1	959.0	14	0	2640.2
5	-1	3835.0	15	-1	2237.0
6	0	3158.7	16	-1	3195.0
7	-1	4474.0	17	0	414.1
8	1	2556.0	18	1	1917.0
9	-1	1598.0	19	-1	4793.0
10	1	639.0	20	-1	1278.0

解 由以往经验得知，该电子件的均值参数估计范围为 $100 \sim 2000$，以 100 为步长，生成 20 个候选参数 $\mu_j (1 \leqslant j \leqslant 20)$。针对每个候选参数，计算其对应的似然值，结果如表 2.3.2 所示。

表 2.3.2 候选参数及其对应的似然值

候选参数	100	200	300	400	500	600	700	800	900	1000
似然值	5.64×10^{-62}	7.35×10^{-38}	3.20×10^{-30}	1.28×10^{-26}	1.33×10^{-24}	2.31×10^{-23}	1.47×10^{-22}	5.01×10^{-22}	1.14×10^{-21}	1.97×10^{-21}
候选参数	1100	1200	1300	1400	1500	1600	1700	1800	1900	2000
似然值	2.80×10^{-21}	3.44×10^{-21}	3.80×10^{-21}	3.88×10^{-21}	3.71×10^{-21}	3.39×10^{-21}	2.98×10^{-21}	2.54×10^{-21}	2.12×10^{-21}	1.74×10^{-21}

由表 2.3.2 可知，$\mu_{14} = 1400$ 对应的似然值最大，因此将其作为该单元的寿命分布参数估计值。

2.2 节的仿真验证结果表明：对于缺失了寿命数值信息的数据，要想较为准确地估计出寿命分布参数，就必须有较大的样本数据数量和检查时间跨度。因此，在以下验证基于混合型数据的参数结果时，直接选择较大的样本数据数量和检查时间跨度。

一次仿真验证过程大致如下：以均匀随机的方式产生检查时刻 $T_i (1 \leqslant i \leqslant 50)$，随机产生寿命值 $\mathrm{simT}_j (1 \leqslant j \leqslant 60)$，$\mathrm{simT}_j$ 服从该单元的寿命分布。前 10 个寿命值用于模拟可靠性试验结果，后 50 个寿命值与检查时刻比较，用于模拟状态检查。对于寿命型数据,采用理论上成熟的方法估计寿命分布参数;对于混合型数据,采用"遍历参数+极大似然"方法估计分布参数。

假定:伽马型单元的寿命 X 服从伽马分布,记作 $X \sim \mathrm{Ga}(\alpha, b)$,$X$ 的密度函数为 $f(x) = \dfrac{1}{b^{\alpha}\Gamma(\alpha)}x^{a-1}\mathrm{e}^{-\frac{x}{b}}$。对于候选参数 a_j、b_j,系数 W_i 为

$$W_i = \begin{cases} \dfrac{1}{b_j^{a_j}\Gamma(\alpha_j)}T_i^{a_j-1}\mathrm{e}^{\frac{-T_i}{b_j}}, & F_i = 0 \\[3mm] \dfrac{1}{b_j^{a_j}\Gamma(\alpha_j)}\displaystyle\int_0^{T_i}x^{a_j-1}\mathrm{e}^{\frac{-x}{b_j}}\,\mathrm{d}x, & F_i = -1 \\[3mm] 1 - \dfrac{1}{b_j^{a_j}\Gamma(\alpha_j)}\displaystyle\int_0^{T_i}x^{a_j-1}\mathrm{e}^{\frac{-x}{b_j}}\,\mathrm{d}x, & F_i = 1 \end{cases} \qquad (2.3.2)$$

假定:对数正态型单元的寿命 X 服从对数正态分布,记作 $X \sim \mathrm{LN}(\mu, \sigma^2)$,$X$ 的密度函数为 $f(x) = \dfrac{1}{\sigma x\sqrt{2\pi}}\mathrm{e}^{-\frac{(\ln x - \mu)^2}{2\sigma^2}}$。对于候选参数 μ_j、σ_j,系数 W_i 为

$$W_i = \begin{cases} \dfrac{1}{T_i\sigma_j\sqrt{2\pi}}\mathrm{e}^{\frac{-(\ln T_i - \mu_j)^2}{2\sigma_j^2}}, & F_i = 0 \\[3mm] \dfrac{1}{\sigma_j\sqrt{2\pi}}\displaystyle\int_0^{T_i}\dfrac{\mathrm{e}^{\frac{-(\ln x - \mu_j)^2}{2\sigma_j^2}}}{x}\,\mathrm{d}x, & F_i = -1 \\[3mm] 1 - \dfrac{1}{\sigma_j\sqrt{2\pi}}\displaystyle\int_0^{T_i}\dfrac{\mathrm{e}^{\frac{-(\ln x - \mu_j)^2}{2\sigma_j^2}}}{x}\,\mathrm{d}x, & F_i = 1 \end{cases} \qquad (2.3.3)$$

假定:正态型单元的寿命 X 服从正态分布,记作 $X \sim N(\mu, \sigma^2)$,X 的密度函数为 $f(x) = \dfrac{1}{\sigma\sqrt{2\pi}}\mathrm{e}^{-\frac{(x-\mu)^2}{2\sigma^2}}$。对于候选参数 μ_j、σ_j,系数 W_i 为

$$W_i = \begin{cases} \dfrac{1}{\sigma_j\sqrt{2\pi}}\mathrm{e}^{\frac{-(T_i-\mu_j)^2}{2\sigma_j^2}}, & F_i = 0 \\[3mm] \dfrac{1}{\sigma_j\sqrt{2\pi}}\displaystyle\int_{-\infty}^{T_i}\mathrm{e}^{\frac{-(x-\mu_j)^2}{2\sigma_j^2}}\,\mathrm{d}x, & F_i = -1 \\[3mm] 1 - \dfrac{1}{\sigma_j\sqrt{2\pi}}\displaystyle\int_{-\infty}^{T_i}\mathrm{e}^{\frac{-(x-\mu_j)^2}{2\sigma_j^2}}\,\mathrm{d}x, & F_i = 1 \end{cases} \qquad (2.3.4)$$

假定：韦布尔型单元的寿命 X 服从韦布尔分布，记作 $X \sim W(\alpha, b)$，X 的密度函数为 $f(x) = b\alpha^{-b}x^{b-1}\mathrm{e}^{-\left(\frac{x}{a}\right)^b}$。对于候选参数 a_j、b_j，系数 W_i 为

$$W_i = \begin{cases} b_j \alpha_j^{-b_j} T_i^{b_j-1} \mathrm{e}^{-\left(\frac{T_i}{a_j}\right)^{b_j}}, & F_i = 0 \\ 1 - \mathrm{e}^{-\left(\frac{T_i}{a_j}\right)^{b_j}}, & F_i = -1 \\ \mathrm{e}^{-\left(\frac{T_i}{a_j}\right)^{b_j}}, & F_i = 1 \end{cases} \tag{2.3.5}$$

以下结果中，根据经验，指数分布的均值参数估计范围为 100～3000，步长为 20；伽马分布的形状参数估计范围为 1.1～4，步长为 0.1，尺度参数估计范围为 500～3000，步长为 100；对数正态分布的对数均值参数估计范围为 3～6，步长为 0.2，对数根方差估计范围为 1～5，步长为 0.2；正态分布的均值参数估计范围为 500～3000，步长为 100，根方差参数估计范围为 50～600，步长为 50；韦布尔分布的尺度参数估计范围为 500～3000，步长为 100，形状参数估计范围为 1.1～4，步长为 0.1。

在 100 次仿真验证后，对基于两种数据的参数估计结果进行统计，计算各自参数估计结果的均值和根方差，结果如表 2.3.3 所示。

表 2.3.3　基于两种数据的参数估计统计结果

分布类型	参数名称	真值	寿命型数据		混合型数据	
			均值	根方差	均值	根方差
指数分布	均值参数	1000	999.3	143.1	992.8	183.5
伽马分布	形状参数	2.3	2.35	0.42	2.51	0.70
	尺度参数	1000	1015.0	174.0	997.0	326.4
对数正态分布	对数均值参数	4.5	4.52	0.27	4.52	0.36
	对数根方差参数	2.0	1.98	0.19	1.91	0.33
正态分布	均值参数	1000	997.7	29.8	1000.0	51.2
	根方差参数	250	247.1	22.7	245.0	45.2
韦布尔分布	尺度参数	1000	994.3	88.3	993.0	123.3
	形状参数	1.6	1.65	0.16	1.69	0.29

图 2.3.1 显示针对指数型单元 100 次仿真验证中，基于寿命型和混合型两种数据参数估计结果的分布情况。

图 2.3.2 显示针对指数型单元其中 10 次仿真验证中，基于混合型数据的参数估计结果对基于寿命型数据结果的跟随情况。

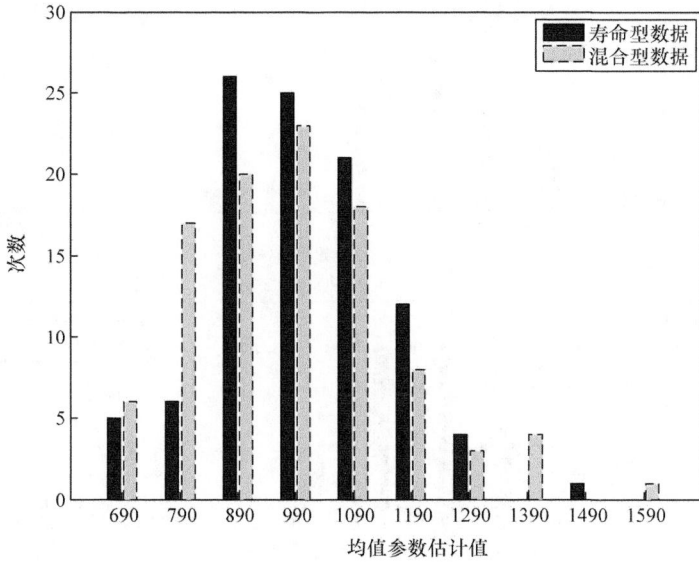

图 2.3.1 基于两种数据的参数估计结果分布图（指数型单元）

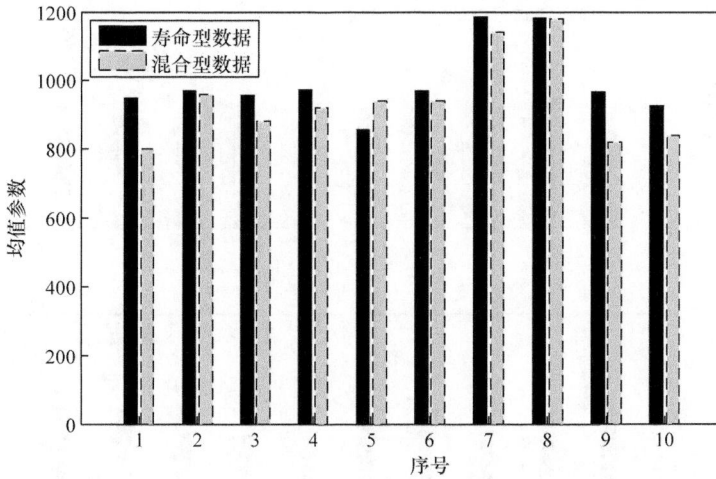

图 2.3.2 基于两种数据的参数估计结果跟随图（指数型单元）

图 2.3.3 显示针对伽马型单元 100 次仿真验证中，基于寿命型和混合型两种数据参数估计结果的分布情况。

图 2.3.4 显示针对伽马型单元其中 10 次仿真验证中，基于混合型数据的参数估计结果对基于寿命型数据结果的跟随情况。

(a) 参数真值: 2.3

(b) 参数真值: 1000

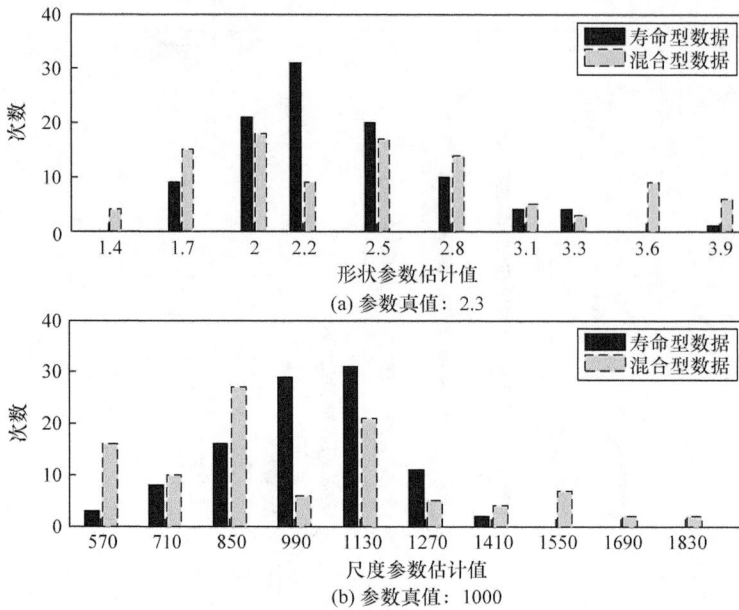

图 2.3.3　基于两种数据的参数估计结果分布图(伽马型单元)

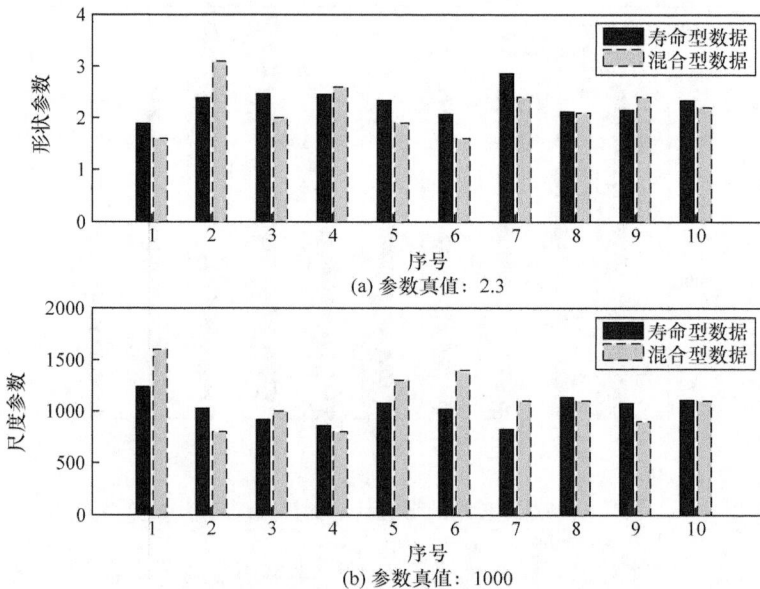

(a) 参数真值: 2.3

(b) 参数真值: 1000

图 2.3.4　基于两种数据的参数估计结果跟随图(伽马型单元)

　　图 2.3.5 显示针对对数正态型单元 100 次仿真验证中,基于寿命型和混合型两种数据参数估计结果的分布情况。

　　图 2.3.6 显示针对对数正态型单元其中 10 次仿真验证中,基于混合型数据的

(a) 参数真值: 4.5

(b) 参数真值: 2.0

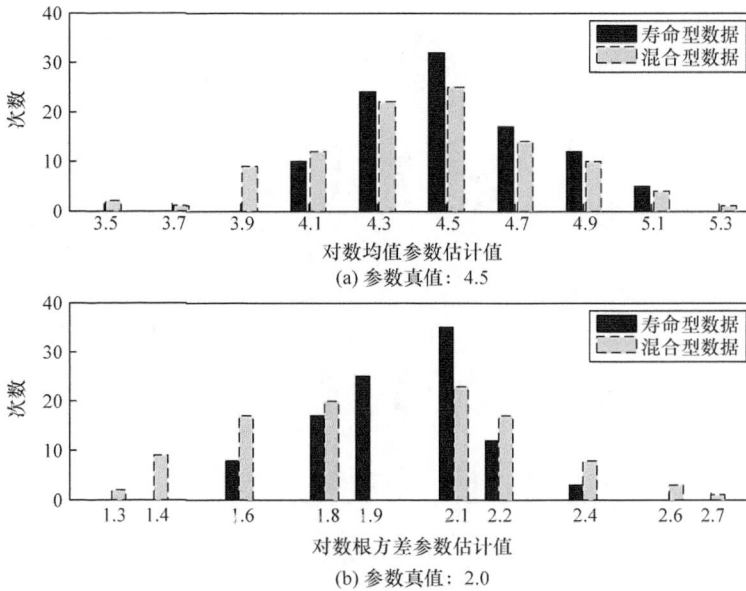

图 2.3.5 基于两种数据的参数估计结果分布图(对数正态型单元)

参数估计结果对基于寿命型数据结果的跟随情况。

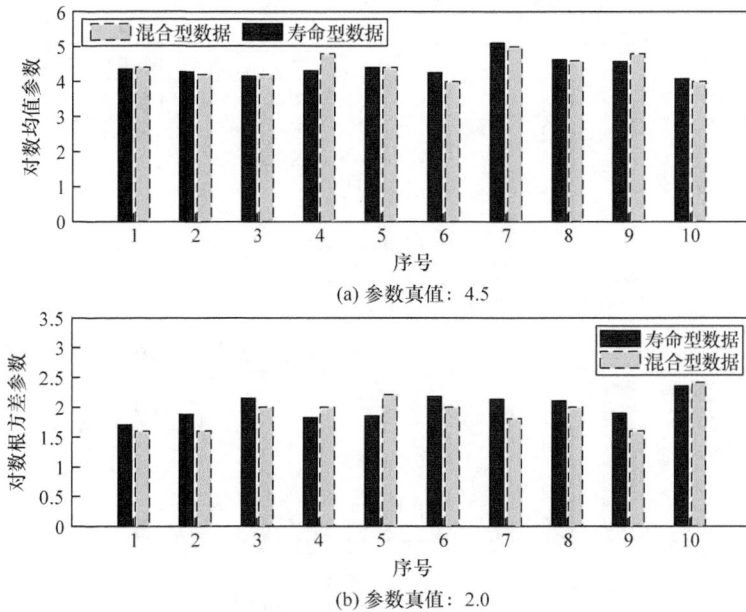

(a) 参数真值: 4.5

(b) 参数真值: 2.0

图 2.3.6 基于两种数据的参数估计结果跟随图(对数正态型单元)

图 2.3.7 显示针对正态型单元 100 次仿真验证中,基于寿命型和混合型两种数据参数估计结果的分布情况。

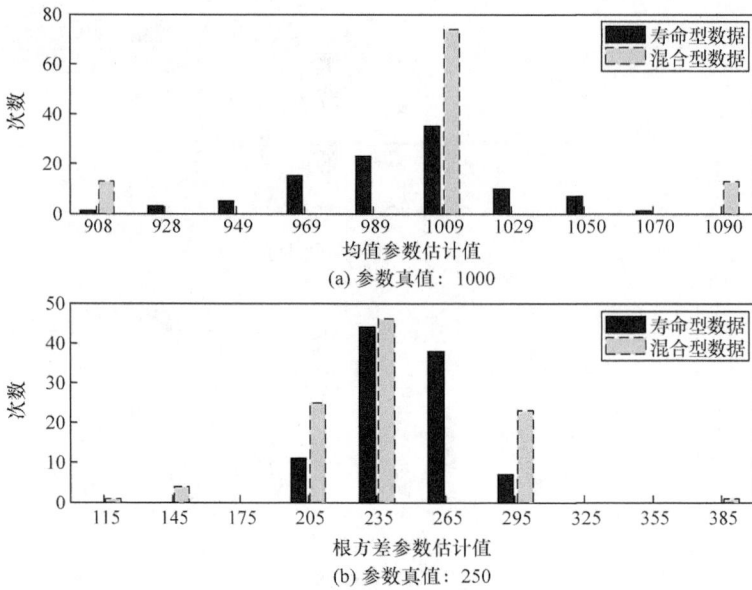

图 2.3.7　基于两种数据的参数估计结果分布图（正态型单元）

图 2.3.8 显示针对正态型单元其中 10 次仿真验证中，基于混合型数据的参数估计结果对基于寿命型数据结果的跟随情况。

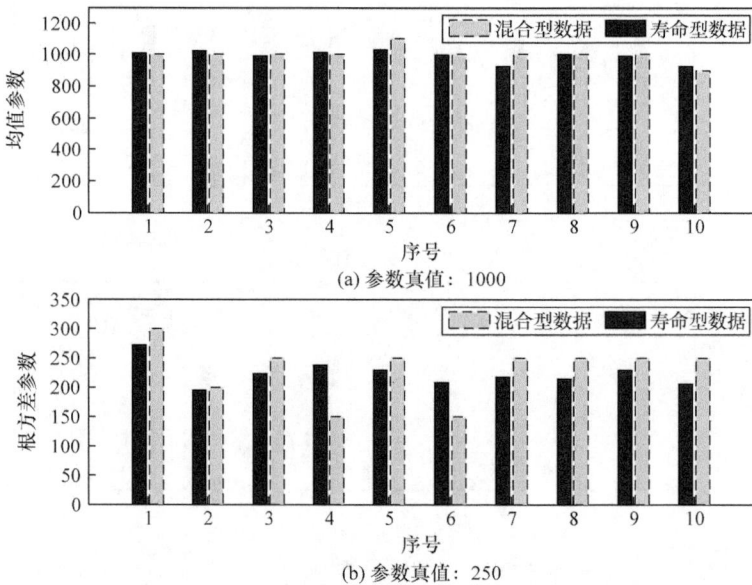

图 2.3.8　基于两种数据的参数估计结果跟随图（正态型单元）

图 2.3.9 显示针对韦布尔型单元 100 次仿真验证中，基于寿命型和混合型两种数据参数估计结果的分布情况。

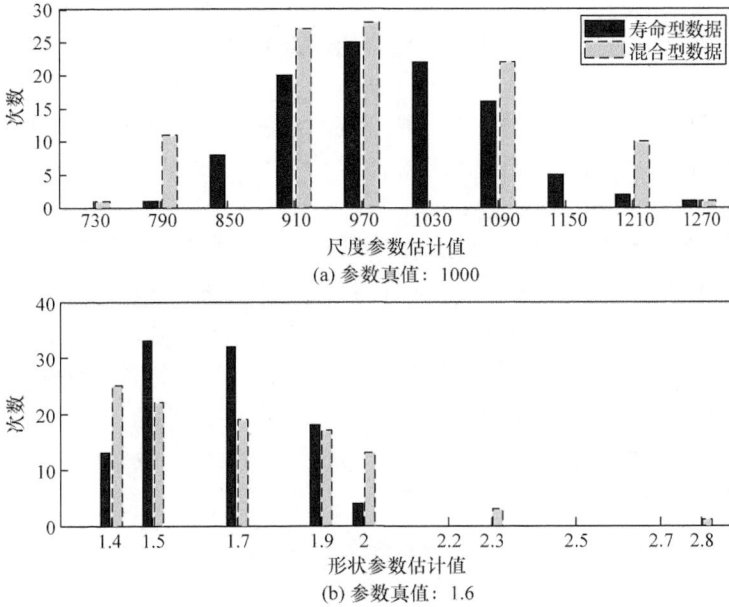

(a) 参数真值: 1000

(b) 参数真值: 1.6

图 2.3.9　基于两种数据的参数估计结果分布图(韦布尔型单元)

图 2.3.10 显示针对韦布尔型单元其中 10 次仿真验证中,基于混合型数据的参数估计结果对基于寿命型数据结果的跟随情况。

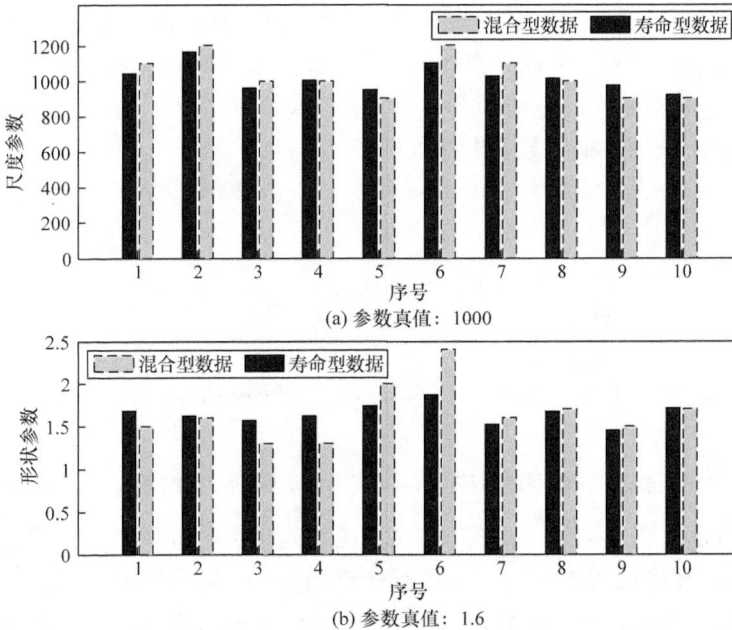

(a) 参数真值: 1000

(b) 参数真值: 1.6

图 2.3.10　基于两种数据的参数估计结果跟随图(韦布尔型单元)

2.4　备件保障场景

掌握产品的可靠性规律是开展高质量备件保障工作的基础。除了专门的可靠性试验数据，能否应用上述思路利用备件保障数据，从中探明产品的可靠性规律呢？本节围绕这个问题展开论述。

在实际备件保障工作中，数据记录有时是一个"重灾区"，尤其是在需要人工记录装备的工况数据时，装备的故障数据记录不及时、累积工作时间缺少等情况较为常见。如果在一次保障任务结束一段时间后，再去补录保障工作数据，那么往往只能得到任务开始前备件数量、本次备件消耗数量、保障任务成功与否这些数据，任务期间何时发生故障、故障间隔时间多长等直接反映寿命数值的数据往往丢失，导致难以开展工作环境下装备的可靠性规律研究。这也是以装备可靠性规律为输入的相关备件保障模型难以应用的原因之一。

为方便起见，下面以指数型单元为例，介绍基于备件保障数据的寿命分布参数估计方法。

某指数型单元的寿命 X 服从指数分布，记作 $X \sim \mathrm{Exp}(\mu)$，μ 为指数分布的均值参数。第 i 次保障任务的时间记为 Tw_i，该单元在装备内的装机数量记为 Nzj_i，任务开始前的备件数量记为 Nbj_i，保障任务结果（1 表示成功，0 表示失败）记为 F_i。在保障任务期间，Nzj_i 个该型单元之间视为串联关系，以备件更换故障件的方式来排除故障。若发生的故障次数不大于备件数量，则本次保障任务成功，否则视为失败，即以形如 $[\mathrm{Tw}_i \quad \mathrm{Nzj}_i \quad \mathrm{Nbj}_i \quad F_i]$ 的备件保障数据来描述一次保障任务。这些备件保障数据在本质上是包含寿命信息的删失型数据。在积累了 k 组备件保障数据后，估计寿命分布参数的方法如下。

记 μ_j 为 μ 的某个估计值，对于第 i 组备件保障数据，保障任务结果概率 Ps_i 可表示为

$$
\mathrm{Ps}_i = \begin{cases} 1 - \displaystyle\sum_{s=0}^{\mathrm{Nbj}_i} \frac{(\mathrm{Nzj}_i \cdot \mathrm{Tw}_i/\mu_j)^s}{s!} \mathrm{e}^{-\mathrm{Nzj}_i \cdot \mathrm{Tw}_i/\mu_j}, & F_i = 0 \\[4mm] \displaystyle\sum_{s=0}^{\mathrm{Nbj}_i} \frac{(\mathrm{Nzj}_i \cdot \mathrm{Tw}_i/\mu_j)^s}{s!} \mathrm{e}^{-\mathrm{Nzj}_i \cdot \mathrm{Tw}_i/\mu_j}, & F_i = 1 \end{cases}
\tag{2.4.1}
$$

在遍历计算后，令似然函数 $L_j = \displaystyle\prod_{i=1}^{k} \mathrm{Ps}_i$，$L_j$ 反映估计值 μ_j 对均值参数 μ 的似然程度。可以从工程经验或专家经验出发，给出均值参数 μ 的取值范围 $[\mu_{\min}, \mu_{\max}]$，在该范围内以等步长的方式选定 n 个候选参数 $\mu_j (1 \leqslant j \leqslant n)$，然后遍历计算各候选参数 μ_j 对应的最大似然函数值，最后取最大似然值对应的候选参数作为寿命分布参数的估计值。

例 2.4.1　某电子件的$[\mathrm{Tw}_i\quad \mathrm{Nzj}_i\quad \mathrm{Nbj}_i\quad F_i]$型备件保障数据如表 2.4.1 所示,由工程经验可知该电子件的寿命服从指数分布,试估计其均值参数。

表 2.4.1　某电子件的备件保障数据

序号	Tw_i	Nzj_i	Nbj_i	F_i
1	8570	1	11	1
2	7060	5	9	0
3	8900	2	11	0
4	6920	2	9	0
5	5350	1	7	1
6	7720	4	10	0
7	7150	2	10	1
8	7080	3	10	0
9	9940	5	13	0
10	9600	4	13	0
11	7790	5	11	0
12	9260	1	12	1
13	6610	5	9	0
14	7820	1	11	1
15	7430	3	11	0
16	8930	3	12	0
17	8110	2	12	0
18	7790	5	11	0
19	5940	5	9	0
20	6820	4	10	0

解　由以往经验得知,该电子件的均值参数估计范围为 100~2000,以 100 为步长,生成 20 个候选参数 $\mu_j (1 \leqslant j \leqslant 20)$。针对每个候选参数,计算其对应的似然值,结果如表 2.4.2 所示。

表 2.4.2　候选参数及其对应的似然值

候选参数	100	200	300	400	500	600	700	800	900	1000
似然值	0	0	1.58×10^{-24}	3.96×10^{-14}	8.11×10^{-9}	7.73×10^{-6}	4.52×10^{-4}	5.40×10^{-3}	2.42×10^{-2}	5.66×10^{-2}
候选参数	1100	1200	1300	1400	1500	1600	1700	1800	1900	2000
似然值	8.34×10^{-2}	8.70×10^{-2}	6.92×10^{-2}	4.42×10^{-2}	2.34×10^{-2}	1.06×10^{-2}	4.17×10^{-3}	1.45×10^{-3}	4.48×10^{-4}	1.25×10^{-4}

由表 2.4.2 可知，$\mu_{12}=1200$ 对应的似然值最大，因此将其作为该单元的寿命分布参数估计值。建立以下仿真模型模拟备件保障过程：

（1）产生 Nzj 个随机数 $\text{simT}_i(1\leqslant i\leqslant\text{Nzj})$，用于模拟装备中 Nzj 个单元的寿命，$\text{simT}_i$ 服从该类单元的寿命分布规律。

（2）初始化当前备件数量 $N=\text{Nbj}$，该类单元的累积工作时间 $\text{simT}_w=0$。

（3）把 $\text{simT}_i(1\leqslant i\leqslant\text{Nzj})$ 按照从小到大重新排序。

（4）更新 $\text{simT}_w=\text{simT}_w+\text{simT}_1$，$\text{simT}_w$ 为故障发生时刻，遍历更新 $\text{simT}_i=\text{simT}_i-\text{simT}_1(1\leqslant i\leqslant\text{Nzj})$。

（5）若 $N>0$，则按照该类单元的寿命分布规律产生随机数 t，并令 $\text{simT}_1=t$，模拟换件维修，更新 $N=N-1$ 后，转（3），若 $N\leqslant0$，则转（6）。

（6）若 $\text{simT}_w\geqslant T_w$，则本次保障任务成功，令 $F=1$；否则，本次保障任务失败，令 $F=0$。

利用上述仿真模型，可以将大量备件保障数据进行仿真验证。除指数型单元外，上述方法也可用于伽马型单元和正态型单元。

假定：伽马型单元的寿命 X 服从伽马分布 $\text{Ga}(a,b)$，X 的密度函数为 $f(x)=\dfrac{1}{b^a\,\Gamma(\alpha)}x^{a-1}\text{e}^{-\frac{x}{b}}$。对于候选参数 a_j、b_j，当装机数 $\text{Nzj}_i=1$ 时，保障任务结果概率 Ps_i 可表示为

$$\text{Ps}_i=\begin{cases}\dfrac{\displaystyle\int_0^{\text{Tw}_i}x^{(1+\text{Nbj}_i)a_j-1}\text{e}^{-\frac{x}{b_j}}\text{d}x}{b_j^{(1+\text{Nbj}_i)a_j}\,\Gamma\big[(1+\text{Nbj}_i)a_j\big]},&F_i=0\\[4mm]1-\dfrac{\displaystyle\int_0^{\text{Tw}_i}x^{(1+\text{Nbj}_i)a_j-1}\text{e}^{-\frac{x}{b_j}}\text{d}x}{b_j^{(1+\text{Nbj}_i)a_j}\,\Gamma\big[(1+\text{Nbj}_i)a_j\big]},&F_i=1\end{cases}\qquad(2.4.2)$$

假定：正态型单元的寿命 X 服从正态分布 $N(\mu,\sigma^2)$，X 的密度函数为 $f(x)=\dfrac{1}{\sigma\,\sqrt{2\pi}}\text{e}^{\frac{-(x-\mu)^2}{2\sigma^2}}$。对于候选参数 μ_j、σ_j，当装机数 $\text{Nzj}_i=1$ 时，保障任务结果概率 Ps_i 可表示为

$$\text{Ps}_i=\begin{cases}\dfrac{\displaystyle\int_{-\infty}^{\text{Tw}_i}\text{e}^{\frac{-[x-(1+\text{Nbj}_i)\mu_j]^2}{2(1+\text{Nbj}_i)\sigma_j^2}}\text{d}x}{\sigma_j\,\sqrt{2\pi(1+\text{Nbj}_i)}},&F_i=0\\[4mm]1-\dfrac{\displaystyle\int_{-\infty}^{\text{Tw}_i}\text{e}^{\frac{-[x-(1+\text{Nbj}_i)\mu_j]^2}{2(1+\text{Nbj}_i)\sigma_j^2}}\text{d}x}{\sigma_j\,\sqrt{2\pi(1+\text{Nbj}_i)}},&F_i=1\end{cases}\qquad(2.4.3)$$

以下结果中,根据工程经验或专家经验,指数分布的均值参数估计范围为 $100\sim3000$,步长为 50;伽马分布的形状参数估计范围为 $1.1\sim5$,步长为 0.1,尺度参数估计范围为 $100\sim3000$,步长为 100;正态分布的均值参数估计范围为 $100\sim5000$,步长为 100,根方差参数估计范围为 $100\sim3000$,步长为 100。

在进行 100 次仿真验证后,对基于备件保障数据的参数估计结果进行统计,计算参数估计结果的均值和根方差,结果如表 2.4.3 所示。

表 2.4.3　基于备件保障数据的参数估计统计结果

分布类型	参数名称	真值	参数估计值	
			均值	根方差
指数分布	均值参数	1000	1011.0	84.3
伽马分布	形状参数	2	2.30	1.19
	尺度参数	1000	1163.0	598.4
正态分布	均值参数	1000	1032.0	61.8
	根方差参数	400	551.0	299.3

由表 2.4.3 可知,该方法对指数分布和正态分布的参数估计准确性较好,对伽马分布的参数估计准确性较差。

表 2.4.4 显示这 100 次仿真验证中,对三种分布的寿命均值估计统计结果。

表 2.4.4　基于备件保障数据的平均寿命估计统计结果

分布类型	参数名称	真值	平均寿命真值	平均寿命估计值	
				均值	根方差
指数分布	均值参数	1000	1000	1011.0	84.3
伽马分布	形状参数	2	2000	2038.4	157.2
	尺度参数	1000			
正态分布	均值参数	1000	1000	1032.0	61.8
	根方差参数	400			

由表 2.4.4 可知,该方法对平均寿命的估计结果较为准确,也许能满足工程要求。

图 2.4.1(a)显示针对指数型单元 100 次仿真验证中,基于备件保障数据的均值参数估计结果的箱线图统计情况,图 2.4.1(b)显示均值参数估计结果的分布情况。

图 2.4.2(a)显示针对伽马型单元 100 次仿真验证中,基于备件保障数据的形状参数估计结果的箱线图统计情况,图 2.4.2(b)显示形状参数估计结果的分布情况。

(a) 统计结果

(b) 分布结果

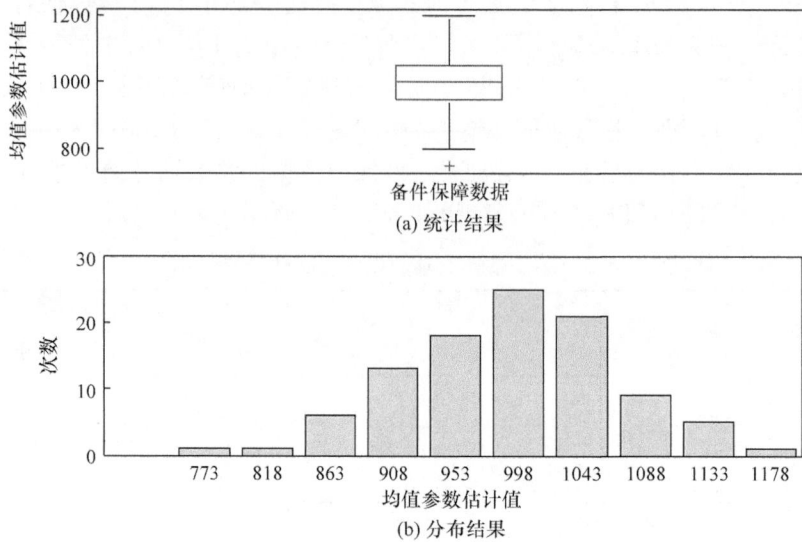

图 2.4.1　基于备件保障数据的指数分布参数估计结果

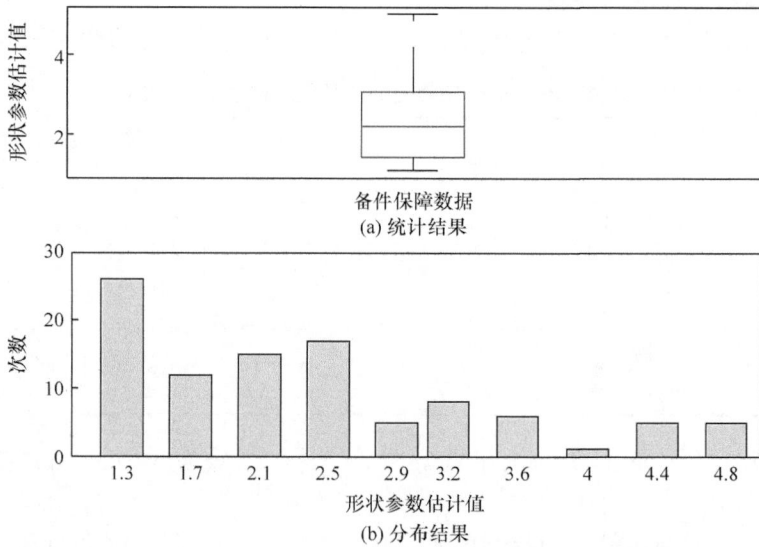

(a) 统计结果

(b) 分布结果

图 2.4.2　基于备件保障数据的伽马分布形状参数估计结果

　　图 2.4.3(a)显示针对伽马型单元 100 次仿真验证中,基于备件保障数据的尺度参数估计结果的箱线图统计情况,图 2.4.3(b)显示尺度参数估计结果的分布情况。

(a) 统计结果

(b) 分布结果

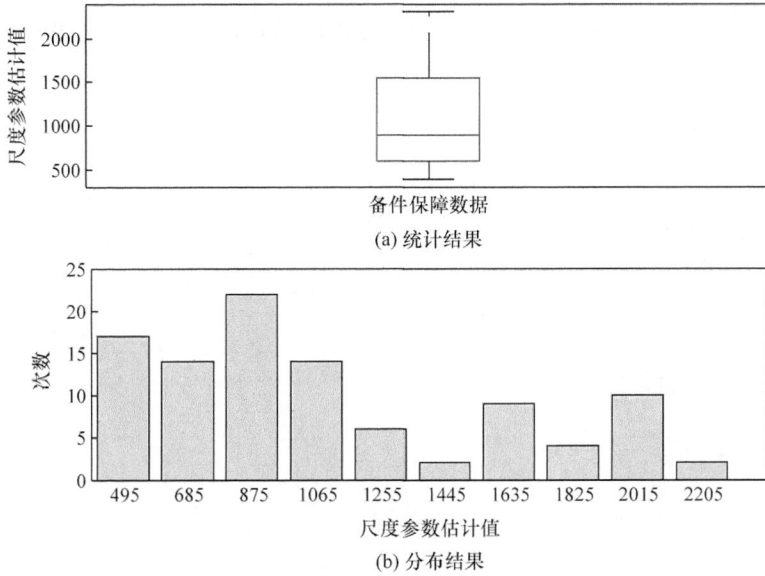

图 2.4.3　基于备件保障数据的伽马分布尺度参数估计结果

　　图 2.4.4(a)显示针对伽马型单元 100 次仿真验证中,基于备件保障数据的平均寿命估计结果的箱线图统计情况,图 2.4.4(b)显示平均寿命估计结果的分布情况。

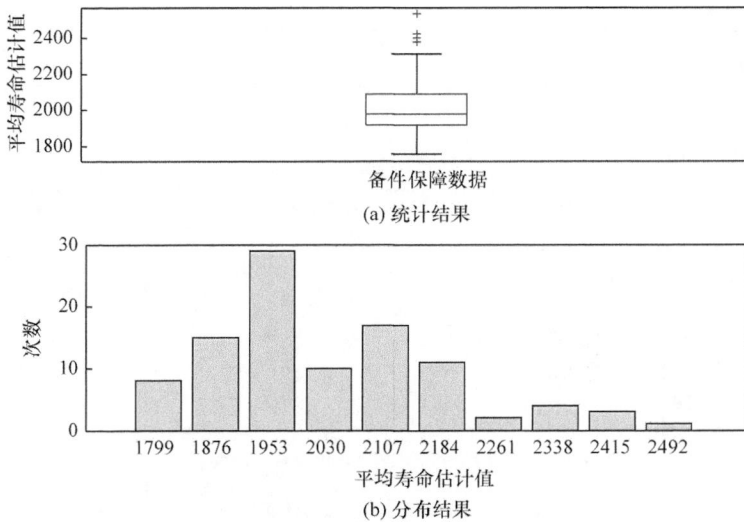

(a) 统计结果

(b) 分布结果

图 2.4.4　基于备件保障数据的伽马分布平均寿命估计结果

图 2.4.5(a)显示针对正态型单元 100 次仿真验证中,基于备件保障数据的均值参数估计结果的箱线图统计情况,图 2.4.5(b)显示均值参数估计结果的分布情况。

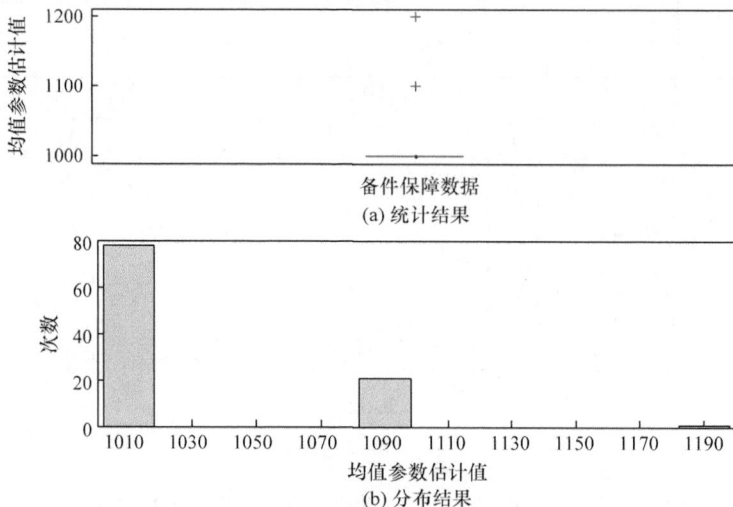

(a) 统计结果

(b) 分布结果

图 2.4.5　基于备件保障数据的正态分布均值参数估计结果

图 2.4.6(a)显示针对正态型单元 100 次仿真验证中,基于备件保障数据的根方差参数估计结果的箱线图统计情况,图 2.4.6(b)显示根方差参数估计结果的分布情况。

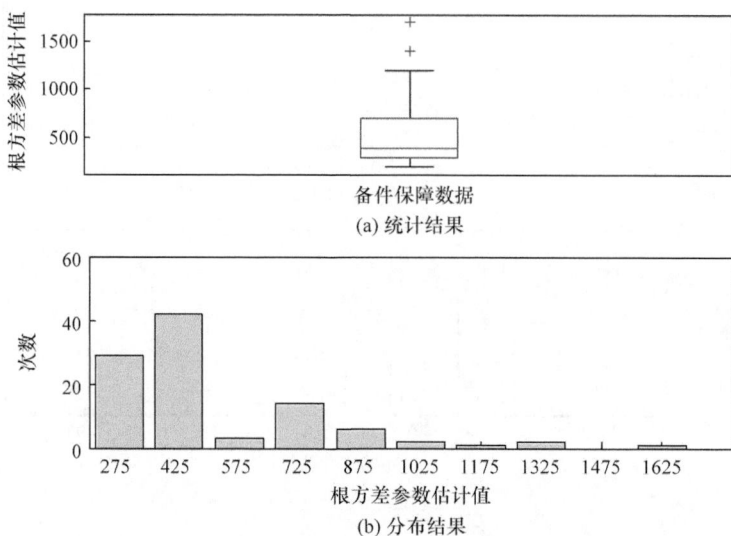

(a) 统计结果

(b) 分布结果

图 2.4.6　基于备件保障数据的正态分布根方差参数估计结果

2.5　贮存和装载场景

雷弹装备往往有多种工作环境,例如,除了在仓库内贮存外,还可能装载上舰参加战备值班。仓库环境和舰艇战位环境区别较大,因此除了贮存寿命外,雷弹装备还需要用装载寿命这个概念来描述其在战位的可靠性。由于一枚雷弹往往会在贮存、装载之间来回切换,因此也就面临这样一些问题:一枚贮存了 X 年的雷弹,其装载上舰 Y 年的可靠度有多大? 一个上舰累积装载 Z 年的雷弹,还能在仓库可靠贮存多长时间?

这些问题的本质是研究贮存寿命和装载寿命的相关性。通常情况下,对同一枚雷弹而言,其贮存寿命和装载寿命是相关的,即贮存一段时间后的雷弹健康状态会延续到下一个装载阶段,贮存结束时的健康状态将是下一个装载阶段的起始健康状态,从而影响雷弹的装载寿命。在回答“一条在仓库已贮存 X_1 时间的正常雷弹,装载上舰后,成功执行战备值班任务时间为 X_2 的概率有多大?”这样的问题时,由于 X_1 和 X_2 组合后的数量极为庞大,如果以标准的可靠性试验方式去回答上述问题,那么所需的试验数量、时间成本和经济成本将极为庞大。通过专门的可靠性试验来回答上述问题,实际上不具有可行性。

上述问题的难点之一在于探明贮存寿命和装载寿命的相关模式。本书把贮存和装载的相关性问题分解为两个子问题:

(1) 对于贮存寿命和装载寿命,两者的相关模式是什么?

(2) 现有数据能否证实/证伪该相关模式?

对于子问题(1),雷弹技术专家根据对贮存/装载失效物理成因的理解,给出贮存寿命和装载寿命相关模式某种形式的猜想。本节的方法用于解决子问题(2),立足现有的贮存和装载数据去证实技术专家关于贮存寿命和装载寿命相关模式的猜想。

本节方法的基本思路为:首先针对只贮存和只装载这两种情况,以可靠性试验等方式获得雷弹单纯贮存时的寿命规律和单纯装载时的寿命规律;然后结合一定数量的“先贮存、后装载”的贮存和装载数据(这些数据来源于雷弹的各次实际战备值班任务执行结果),采用“遍历参数＋极大似然”思路,估计装载寿命的寿命分布参数,当参数估计结果和事先已知的参数较为接近时,可以认为技术专家提出的贮存和装载相关模式与现有数据相符,否则认为不相符。

以结构[Tc　Tz　F]来描述贮存和装载数据,Tc 是已贮存时间,Tz 是装载任务时间,F 是装载任务执行完毕后对装备的完好性检查结果(1 为完好,0 为失效),且执行装载任务前,该装备的贮存状态检查结果为完好。[Tc　Tz　F]在本质上是包含了寿命信息的删失型数据。

对于常见的寿命分布类型（指数分布、伽马分布、对数正态分布、正态分布和韦布尔分布），理论上有 5×5 种组合来描述某类单元的贮存寿命和装载寿命各自的分布规律。

以贮存可靠度 Pc 来描述执行装载任务前"该装备已贮存时间 Tc，贮存状态检查结果为完好"这一事件发生的概率。

若贮存寿命服从指数分布 $Exp(\mu)$，密度函数为 $f(x)=\dfrac{1}{\mu}\mathrm{e}^{-\frac{x}{\mu}}$，则贮存可靠度 $Pc=\mathrm{e}^{\frac{-Tc}{\mu}}$。

若贮存寿命服从伽马分布 $Ga(\alpha,b)$，密度函数为 $f(x)=\dfrac{1}{b^{\alpha}\Gamma(\alpha)}x^{\alpha-1}\mathrm{e}^{-\frac{x}{b}}$，则贮存可靠度 $Pc=1-\dfrac{1}{b^{\alpha}\Gamma(\alpha)}\displaystyle\int_{0}^{Tc}x^{\alpha-1}\mathrm{e}^{\frac{-x}{b}}\,\mathrm{d}x$。

若贮存寿命服从对数正态分布 $LN(\mu,\sigma^2)$，密度函数为 $f(x)=\dfrac{1}{\sigma x\sqrt{2\pi}}\mathrm{e}^{\frac{-(\ln x-\mu)^2}{2\sigma^2}}$，则贮存可靠度 $Pc=1-\dfrac{1}{\sigma\sqrt{2\pi}}\displaystyle\int_{0}^{Tc}\dfrac{\mathrm{e}^{\frac{-(\ln x-\mu)^2}{2\sigma^2}}}{x}\,\mathrm{d}x$。

若贮存寿命服从正态分布 $N(\mu,\sigma^2)$，密度函数为 $f(x)=\dfrac{1}{\sigma\sqrt{2\pi}}\mathrm{e}^{\frac{-(x-\mu)^2}{2\sigma^2}}$，则贮存可靠度 $Pc=1-\dfrac{1}{\sigma\sqrt{2\pi}}\displaystyle\int_{-\infty}^{Tc}\mathrm{e}^{\frac{-(x-\mu)^2}{2\sigma^2}}\,\mathrm{d}x$。

若贮存寿命服从韦布尔分布 $W(\alpha,b)$，密度函数为 $f(x)=b\alpha^{-b}x^{b-1}\mathrm{e}^{-\left(\frac{x}{\alpha}\right)^b}$，则贮存可靠度 $Pc=\mathrm{e}^{-\left(\frac{Tc}{\alpha}\right)^b}$。

假定贮存寿命和装载寿命的相关模式为"一命换一命"，即贮存 1h 等价于装载 1h。本节旨在探讨识别相关模式方法的有效性，因此"一命换一命"是否合理不是重点，仅以该模式来举例探讨。

在"一命换一命"相关模式下，可以采用剩余寿命可靠度的概念来描述装载任务执行完毕后完好性状态出现的概率，若装载结束后经检查状态为完好，则以装载剩余可靠度 Pz 来描述完好事件发生的概率；若装载结束后经检查状态为失效，则以 $1-Pz$ 来描述失效事件发生的概率。

若装载寿命服从指数分布 $Exp(\mu)$，则装载剩余可靠度 $Pz=\mathrm{e}^{\frac{-Tz}{\mu}}$。

若装载寿命服从伽马分布 $Ga(\alpha,b)$，则装载剩余可靠度 $Pz=\dfrac{1-\dfrac{1}{b^{\alpha}\Gamma(\alpha)}\displaystyle\int_{0}^{Tc+Tz}x^{\alpha-1}\mathrm{e}^{\frac{-x}{b}}\,\mathrm{d}x}{1-\dfrac{1}{b^{\alpha}\Gamma(\alpha)}\displaystyle\int_{0}^{Tc}x^{\alpha-1}\mathrm{e}^{\frac{-x}{b}}\,\mathrm{d}x}$。

若装载寿命服从对数正态分布 $\mathrm{LN}(\mu,\sigma^2)$，则装载剩余可靠度可表示为

$$\mathrm{Pz} = \frac{1 - \dfrac{1}{\sigma\sqrt{2\pi}}\displaystyle\int_0^{\mathrm{Tc+Tz}}\dfrac{\mathrm{e}^{\frac{-(\ln x - \mu)^2}{2\sigma^2}}}{x}\mathrm{d}x}{1 - \dfrac{1}{\sigma\sqrt{2\pi}}\displaystyle\int_0^{\mathrm{Tc}}\dfrac{\mathrm{e}^{\frac{-(\ln x - \mu)^2}{2\sigma^2}}}{x}\mathrm{d}x}$$

若装载寿命服从正态分布 $N(\mu,\sigma^2)$，则装载剩余可靠度可表示为

$$\mathrm{Pz} = \frac{1 - \dfrac{1}{\sigma\sqrt{2\pi}}\displaystyle\int_{-\infty}^{\mathrm{Tc+Tz}}\mathrm{e}^{\frac{-(x-\mu)^2}{2\sigma^2}}\mathrm{d}x}{1 - \dfrac{1}{\sigma\sqrt{2\pi}}\displaystyle\int_{-\infty}^{\mathrm{Tc}}\mathrm{e}^{\frac{-(x-\mu)^2}{2\sigma^2}}\mathrm{d}x}$$

若装载寿命服从韦布尔分布 $W(\alpha,b)$，则装载剩余可靠度 $\mathrm{Pz} = \dfrac{\mathrm{e}^{-\left(\frac{\mathrm{Tc+Tz}}{\alpha}\right)^b}}{\mathrm{e}^{-\left(\frac{\mathrm{Tc}}{\alpha}\right)^b}}$。

对于第 i 组数据 $[\mathrm{Tc}_i \quad \mathrm{Tz}_i \quad F_i]$，记第 j 种装载候选参数对应的剩余可靠度为 Pz_{ij}，令 $P_{ij} = \begin{cases} \mathrm{Pz}_{ij}, & F_i = 1 \\ 1 - \mathrm{Pz}_{ij}, & F_i = 0 \end{cases}$，则 $\mathrm{Pc}_i P_{ij}$ 描述了该组数据出现的似然程度。

若共有 k 组该型数据，则似然函数 $\displaystyle\prod_{i=1}^{k}\mathrm{Pc}_i P_{ij}$ 描述了第 j 种装载候选参数的似然程度。选择最大似然值对应的候选参数作为装载寿命分布参数的估计值。

分别用装载寿命分布参数的真值和估计值，计算在这 k 组贮存和装载数据上的似然值，分别记为 PL_1 和 PL_2，令两者的比值 $\mathrm{PL}_2/\mathrm{PL}_1$ 为相似率。

当贮存寿命和装载寿命的相关模式为"一命换一命"时，从前述章节的结果来看，装载寿命分布参数的估计值会与真值较为接近，理想情况下相似率会在 1 附近。反之，若相似率显著偏离 1，则说明"一命换一命"的猜想很可能并不是真正的相关模式，该猜想至少没有得到现有实际贮存数据和装载数据的支持。

例 2.5.1　某单元的装载寿命服从正态分布 $N(2000,300^2)$，其 $[\mathrm{Tc} \quad \mathrm{Tz} \quad F]$ 型贮存数据和装载数据如表 2.5.1 所示，试分析其贮存寿命和装载寿命的相关模式是否为"一命换一命"。

表 2.5.1　某单元的贮存数据和装载数据

序号	Tc	Tz	F
1	1986	338	1
2	1568	560	1

序号	Tc	Tz	F
3	1563	584	0
4	1003	121	1
5	2036	190	0
6	1572	401	0
7	533	131	1
8	1253	292	1
9	1426	470	1
10	1679	297	0
11	821	504	1
12	919	316	1
13	1311	355	1
14	2069	509	0
15	948	208	1
16	2206	299	0
17	1062	155	1
18	866	437	1
19	562	354	1
20	1866	122	0

解 该单元装载寿命服从正态分布,均值参数的估计范围为 100~3000,按步长 100 选择候选参数。根方差参数的估计范围为 50~1000,按步长 10 选择候选参数。共产生 2880 组候选参数。

对上述候选参数遍历计算各自的似然值,发现候选装载参数 $\tilde{\mu}_i = 2000$、$\tilde{\sigma}_i = 240$ 的似然值最大,故将其作为参数估计结果。分别计算参数真值 $\mu = 2000$、$\sigma = 300$ 和参数估计结果 $\tilde{\mu}_i = 2000$、$\tilde{\sigma}_i = 240$ 对上述贮存数据和装载数据的似然值,得到相似率 $PL_2/PL_1 = 0.83$。因两者较为相似,故有理由认为贮存寿命和装载寿命的相关模式与猜测相符。图 2.5.1 显示参数分别为真值和估计值时装载寿命分布的密度函数值。

可采用以下仿真模型来描述"一命换一命"相关模式下贮存完好后的再装载过程。

(1) 产生随机数 simT,simT 服从装载寿命分布规律,且 simT > Tc,Tc 为已贮存时间。

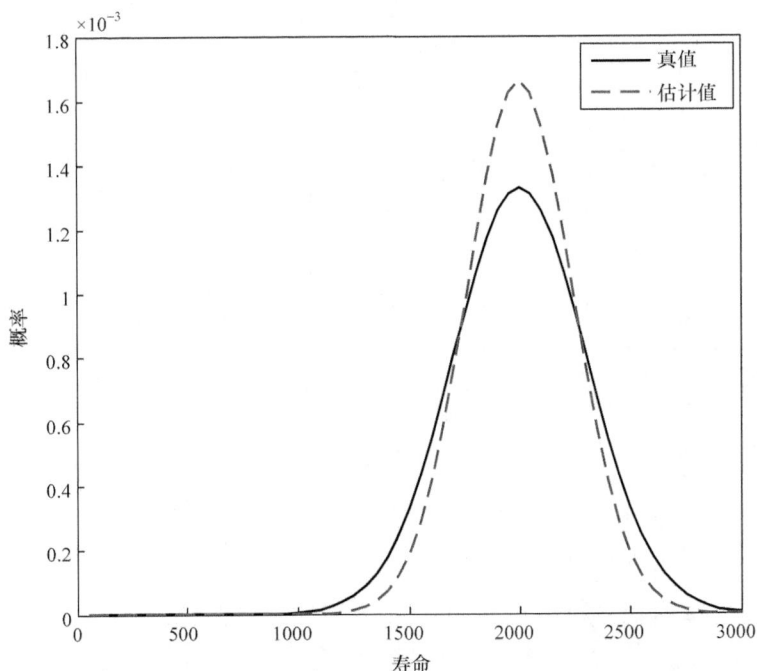

图 2.5.1　参数分别为真值和估计值时装载寿命分布的密度函数值

（2）当 simT－Tc＞Tz 时，成功执行装载任务，令 $F=1$；否则，令 $F=0$。

若需要模拟贮存寿命和装载寿命不相关这种情况，则需要把步骤（2）中的判据 simT－Tc＞Tz 改为 sinT＞Tz。

利用该仿真模型，可针对上述方法的有效性开展仿真验证。在验证时，产生两种数据：一种是由"一命换一命"相关模式仿真模型产生的；另一种是由不相关模式仿真模型产生的。利用上述一种方法来处理这两类数据，对处理结果进行统计分析，以下为典型仿真验证算例的统计结果。

假定：某单元的贮存寿命服从伽马分布 Ga（3，2000），装载寿命规律如表 2.5.2 所示。随机产生 100 个贮存时间和 100 个装载任务时间，按照前述仿真模型，模拟贮存和装载相关、贮存和装载不相关两种情况，得到各自形如 [Tc　Tz　F] 的 100 组贮存和装载数据。表 2.5.2 显示基于贮存和装载相关、贮存和装载不相关两种仿真数据的统计结果。

当装载寿命服从指数分布时，基于贮存和装载相关、贮存和装载不相关两种数据，图 2.5.2 显示对其均值参数估计结果的统计情况，图 2.5.3 显示相似率的统计情况。由于指数分布有"剩余寿命与寿命的分布参数相同"的特性，因此使用

表 2.5.2　基于贮存和装载相关、贮存和装载不相关两种仿真数据的统计结果

序号	装载寿命分布类型	参数名称	真值	贮存和装载相关的数据				贮存和装载不相关的数据			
				估计值		相似率		估计值		相似率	
				均值	根方差	均值	根方差	均值	根方差	均值	根方差
1	指数分布	均值参数	2000	2018.5	309.4	0.72	0.25	2025.5	364.1	0.67	0.29
2	伽马分布	形状参数	2	2.5	1.3	0.58	0.27	2.5	1.2	0.0003	0.0011
		尺度参数	1000	1004.5	233.0			1957.0	661.6		
3	对数正态分布	对数均值参数	6.5	4.46	2.47	0.55	0.27	7.06	2.15	0.0003	0.0010
		对数根方差参数	0.5	0.67	0.23			0.61	0.35		
4	正态分布	均值参数	3000	2441.0	1564.7	0.49	0.27	6000.0	0.0	6.35×10^{-148}	6.35×10^{-147}
		根方差参数	900	916.0	315.1			3000.0	0.0		
5	韦布尔分布	尺度参数	4000	3966.0	1040.0	0.47	0.30	5976.0	177.0	4.36×10^{-24}	4.29×10^{-23}
		形状参数	2.3	2.47	0.74			1.11	0.07		

贮存和装载相关、贮存和装载不相关两种数据时,两者的相似率都较为接近,图 2.5.2、图 2.5.3 和表 2.5.2 都反映出这一点。

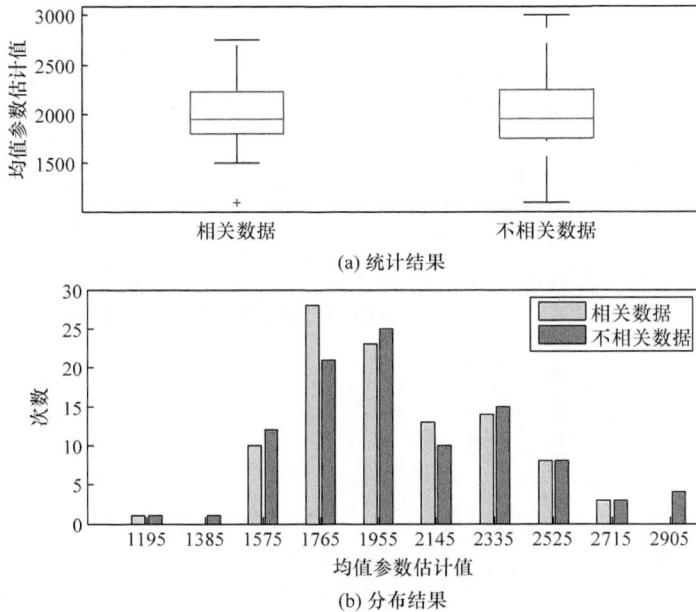

(a) 统计结果

(b) 分布结果

图 2.5.2　基于两种数据指数分布均值参数估计结果的统计图

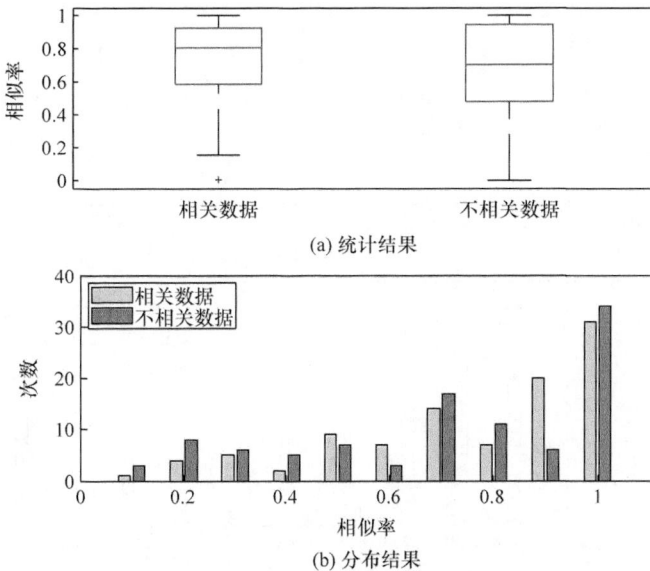

(a) 统计结果

(b) 分布结果

图 2.5.3　基于两种数据指数分布相似率的统计图

当装载寿命服从伽马分布时,基于贮存和装载相关、贮存和装载不相关两种数据,图 2.5.4 显示对其形状参数估计结果的统计情况,图 2.5.5 显示对其尺度参数估计结果的统计情况,图 2.5.6 显示相似率的统计情况。

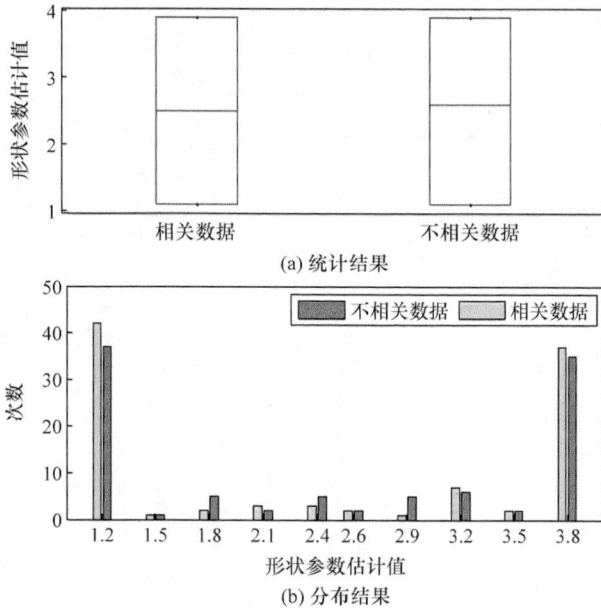

(a) 统计结果

(b) 分布结果

图 2.5.4　基于两种数据伽马分布形状参数估计结果的统计图

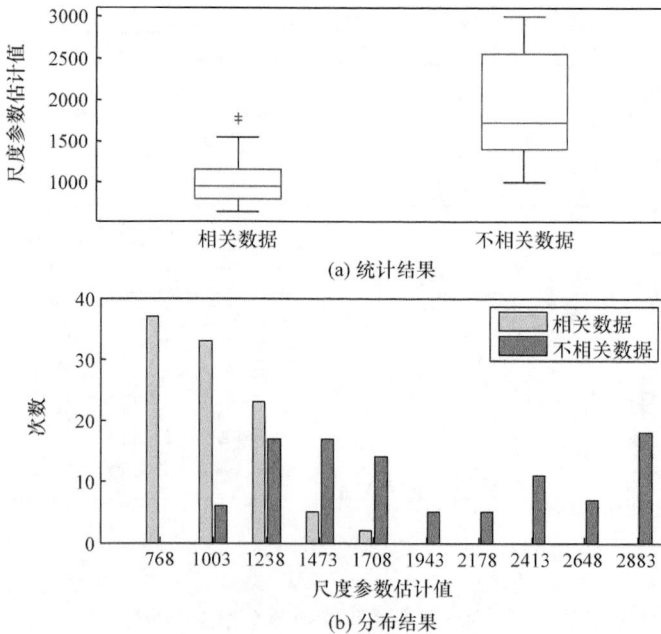

(a) 统计结果

(b) 分布结果

图 2.5.5　基于两种数据伽马分布尺度参数估计结果的统计图

(a) 统计结果

(b) 分布结果

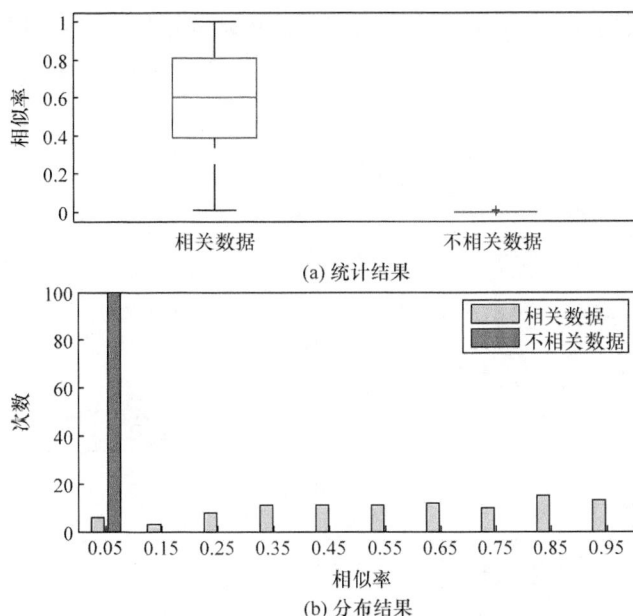

图 2.5.6　基于两种数据伽马分布相似率的统计图

当装载寿命服从对数正态分布时,基于贮存和装载相关、贮存和装载不相关两种数据,图 2.5.7 显示对其对数均值参数估计结果的统计情况,图 2.5.8 显示对其

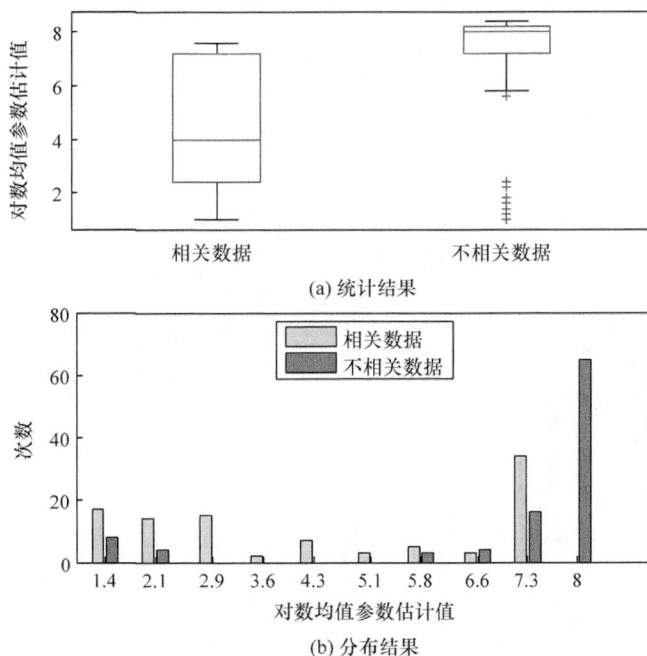

(a) 统计结果

(b) 分布结果

图 2.5.7　基于两种数据对数正态分布对数均值参数估计结果的统计图

对数根方差参数估计结果的统计情况,图 2.5.9 显示相似率的统计情况。

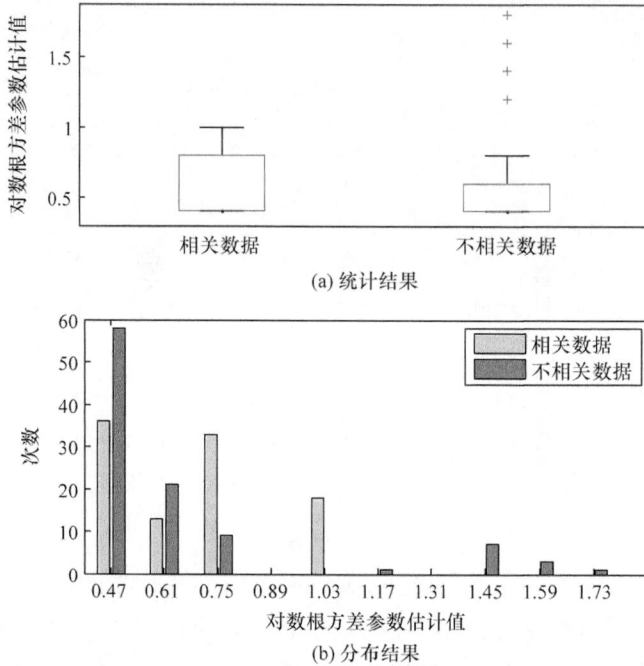

(a) 统计结果

(b) 分布结果

图 2.5.8　基于两种数据对数正态分布对数根方差参数估计结果的统计图

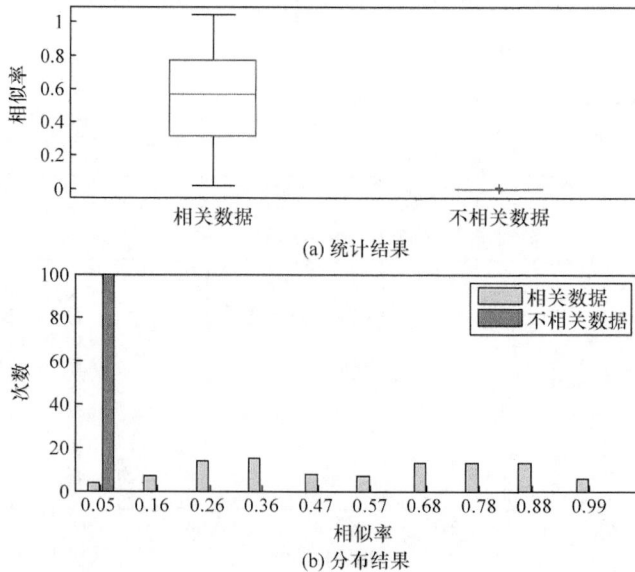

(a) 统计结果

(b) 分布结果

图 2.5.9　基于两种数据对数正态分布相似率的统计图

当装载寿命服从正态分布时,基于贮存和装载相关、贮存和装载不相关两种数据,图 2.5.10 显示对其均值参数估计结果的统计情况,图 2.5.11 显示对其根方差参数估计结果的统计情况,图 2.5.12 显示相似率的统计情况。

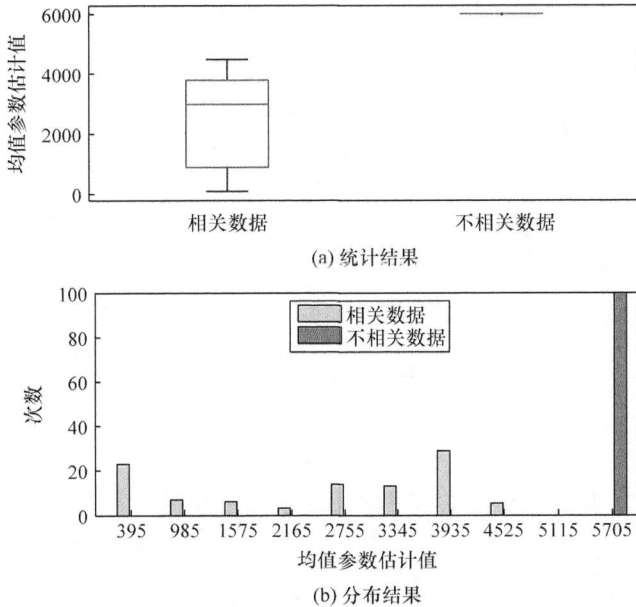

(a) 统计结果

(b) 分布结果

图 2.5.10 基于两种数据正态分布均值参数估计结果的统计图

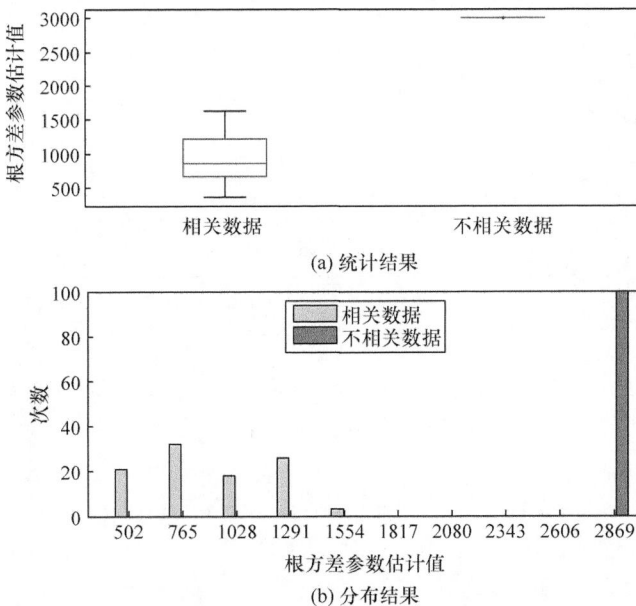

(a) 统计结果

(b) 分布结果

图 2.5.11 基于两种数据正态分布根方差参数估计结果的统计图

(a) 统计结果

(b) 分布结果

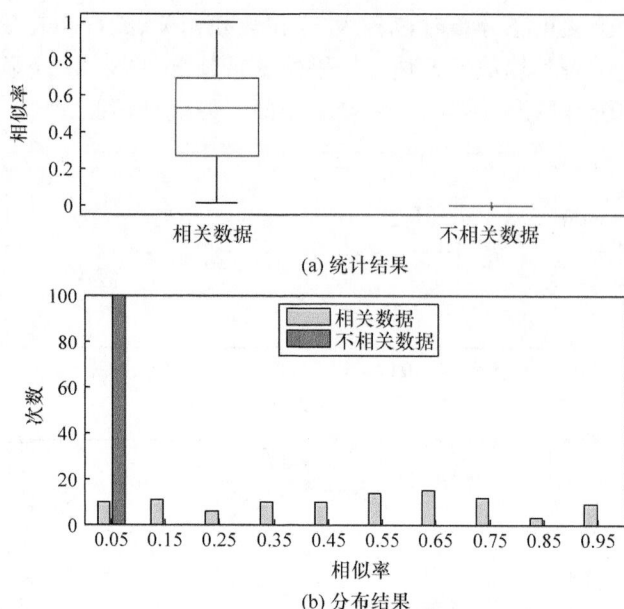

图 2.5.12　基于两种数据正态分布相似率的统计图

当装载寿命服从韦布尔分布时,基于贮存和装载相关、贮存和装载不相关两种数据,图 2.5.13 显示对其尺度参数估计结果的统计情况,图 2.5.14 显示对其形状参数估计结果的统计情况,图 2.5.15 显示相似率的统计情况。

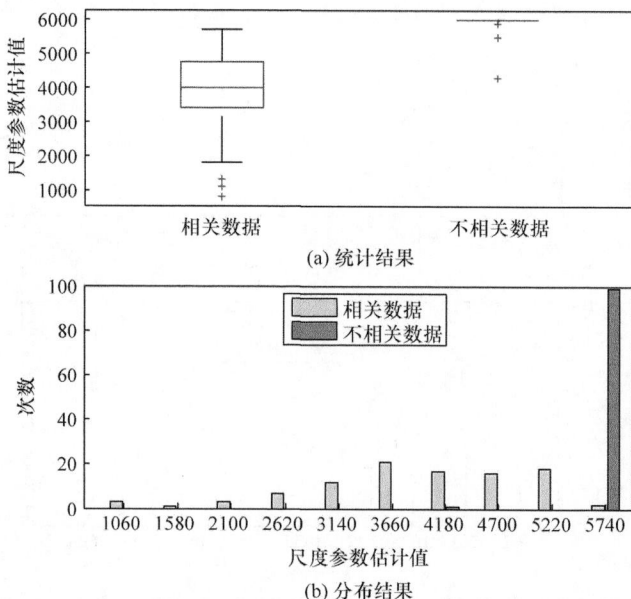

(a) 统计结果

(b) 分布结果

图 2.5.13　基于两种数据韦布尔分布尺度参数估计结果的统计图

(a) 统计结果

(b) 分布结果

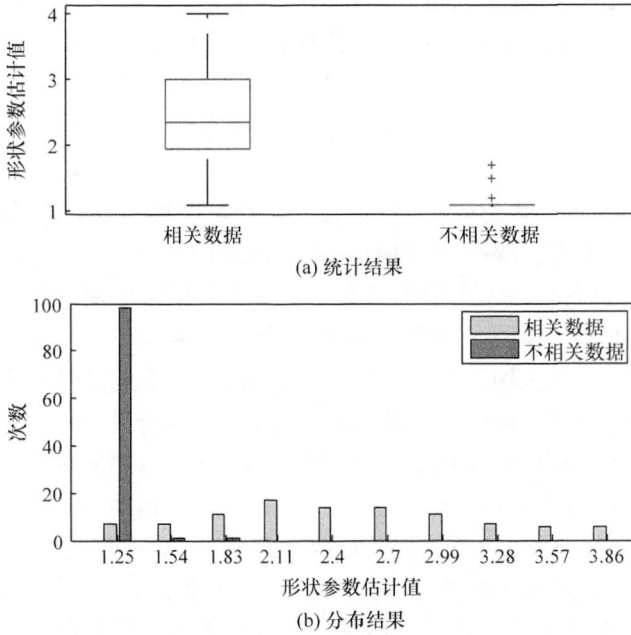

图 2.5.14 基于两种数据韦布尔分布形状参数估计结果的统计图

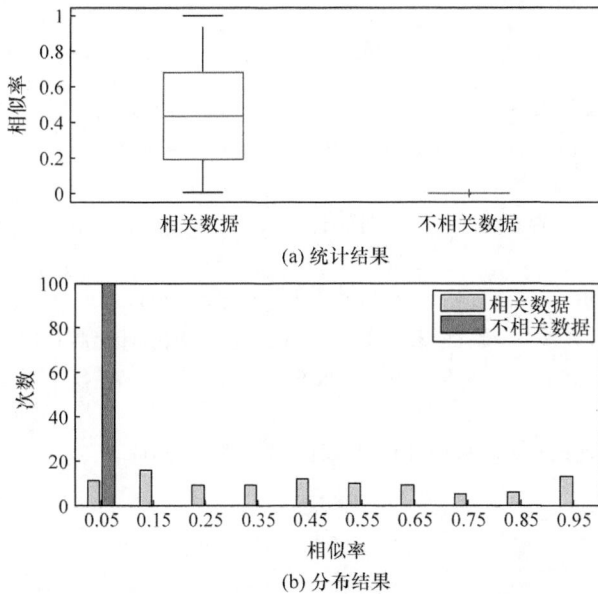

(a) 统计结果

(b) 分布结果

图 2.5.15 基于两种数据韦布尔分布相似率的统计图

除指数分布外,当贮存和装载的实际相关模式与猜想的不相同时,利用相似率可以较为显著地识别出这种猜想不相符的情况;当贮存和装载的实际相关模式与猜想相同时,利用相似率也可能识别出这种相关模式。

2.6　小　　结

　　雷弹装备贮存寿命普遍较长,因此难以获得足够样本数量的寿命型数据。在装备贮存期间,由于会定期/不定期进行装备状态检查,因此会逐年累积这种包含寿命信息的删失型数据。本章给出了基于这些删失型数据估计寿命分布参数的近似方法,避免了相关工作因长期陷于寿命型数据样本量不足而停滞不前的困境。但同时要认识到,本章这种基于数理统计的方法,在本质上是对事物的外在现象进行描述,而不是对内部机理进行解释。尽管这是一种较有效的方法,但也是一种向现实妥协的不得已的方法,不能因此而放弃立足内部机理研究贮存失效的工作。从失效机理的角度研究贮存寿命问题,尽管岁月漫漫、困难重重,但确是立足本源研究问题的正途,只能加强,不能因其艰难而荒废。此外,无论是用数理统计的方法,还是通过研究失效机理方式来掌握贮存寿命规律都不是工作的终点,而是进一步开展贮存和延寿等工作的基石。后续章节将在装备贮存寿命服从统计分布规律且能大致探明该统计规律的条件下,探讨用数理统计方法进一步解决贮存和延寿工作中面临的决策类问题。

参 考 文 献

[1] 孟涛,张仕念,易当祥,等.导弹贮存延寿技术概论[M].北京:中国宇航出版社,2007.

[2] 祝学军,管飞,王洪波,等.战术弹道导弹贮存延寿工程基础[M].北京:中国宇航出版社,2015.

[3] 叶万举.电子设备贮存与不工作可靠性预计方法[M].石家庄:中国人民解放军军械技术研究所,1994.

[4] 陈家鼎.生存分析与可靠性[M].北京:北京大学出版社,2005.

[5] 王吉利,何书元,吴喜之.统计学教学案例[M].北京:中国统计出版社,2004.

[6] 中国人民解放军空军,等.备件供应规划要求:GJB 4355—2002[S].北京:中国人民解放军总装备部,2003.

[7] 张志华.可靠性理论及工程应用[M].北京:科学出版社,2012.

第3章 贮存效果的评估方法

对于鱼雷、水雷、导弹等具有"长期贮存、一次使用"特点的雷弹装备,贮存效果评估主要用于定量回答装备在贮存期间的战备完好性程度问题。例如,在导弹的寿命指标体系中,能执行任务率是其中最重要的战术指标[1],它用来回答部队最关心的问题"在仓库里,经过 t 年贮存后,仍然完好的装备数量是多少?"。利用第 2 章的贮存寿命分布参数估计方法,在获得装备的贮存寿命分布规律后,就可以从数理统计的角度,开展贮存效果评估工作。

直接由多个单元构成的某中间层结构的产品称为部件。部件内各个单元之间以可靠性连接关系进行描述。常见的可靠性连接关系为串联、并联、混联等。如果按照是否关重件的标准对部件内的各个单元进行取舍,那么部件可以简化成一个由多项关重件串联而成的集合。在本书中,若未特别声明,部件中各单元的可靠性关系都视为串联关系。

本章在部件这个层级论述贮存效果评估方法。

3.1 单元级贮存效果评估

对于正在工作的装备,若其中的某个关键单元出现故障,则整台装备将随之停机。在该单元故障被修复之前,因装备不再工作,故其他单元也就失去了工作时发生故障的机会。贮存过程则与此不同。由于所有的单元都是独立贮存的,因此一个单元出现贮存失效时,其他单元依旧会继续贮存下去,并不会停下来。单元贮存失效的规律也就是其贮存可靠性的规律。按照这个理解,对照数学中二项分布的定义可知:不论单元的贮存寿命服从哪种类型的分布,在经过 t 年贮存后,完好单元的数量 n 都服从二项分布 $b(N,p)$。其中,N 为同一批次参与贮存的所有同类产品数量,p 为贮存时长 t 对应的可靠度 $R(t)=P(X>t)$,X 为产品的贮存寿命,p 决定了在贮存 t 年后单元为完好状态事件发生的概率。

常见分布类型的密度函数和可靠度函数形式如表 3.1.1 所示。

表 3.1.1　常见分布类型的密度函数和可靠度函数形式

序号	分布类型	密度函数	可靠度函数
1	指数分布 $\mathrm{Exp}(\mu)$	$f(t)=\dfrac{1}{\mu}\mathrm{e}^{\frac{-t}{\mu}}$	$R(t)=\mathrm{e}^{\frac{-t}{\mu}}$
2	伽马分布 $\mathrm{Ga}(\alpha,b)$	$f(t)=\dfrac{1}{b^{\alpha}\Gamma(\alpha)}t^{\alpha-1}\mathrm{e}^{\frac{-t}{b}}$	$R(t)=1-\dfrac{1}{b^{\alpha}\Gamma(\alpha)}\displaystyle\int_{0}^{t}x^{\alpha-1}\mathrm{e}^{-\frac{x}{b}}\mathrm{d}x$
3	对数正态分布 $\mathrm{LN}(\mu,\sigma^2)$	$f(t)=\dfrac{1}{\sigma t\sqrt{2\pi}}\mathrm{e}^{\frac{-(\ln t-\mu)^2}{2\sigma^2}}$	$R(t)=1-\dfrac{1}{\sigma\sqrt{2\pi}}\displaystyle\int_{0}^{t}\dfrac{\mathrm{e}^{\frac{-(\ln x-\mu)^2}{2\sigma^2}}}{x}\mathrm{d}x$
4	正态分布 $N(\mu,\sigma^2)$	$f(t)=\dfrac{1}{\sigma\sqrt{2\pi}}\mathrm{e}^{\frac{-(t-\mu)^2}{2\sigma^2}}$	$R(t)=\dfrac{1}{\sigma\sqrt{2\pi}}\displaystyle\int_{t}^{\infty}\mathrm{e}^{\frac{-(x-\mu)^2}{2\sigma^2}}\mathrm{d}x$
5	韦布尔分布 $W(\alpha,b)$	$f(t)=b\alpha^{-b}t^{b-1}\mathrm{e}^{-\left(\frac{t}{\alpha}\right)^b}$	$R(t)=\mathrm{e}^{-\left(\frac{t}{\alpha}\right)^b}$

当完好单元的数量 n 服从二项分布 $b(N,p)$ 时,理论上可得出以下结论[2]:

(1) 数量 n 的均值为 $N\cdot p$,根方差为 $\sqrt{N\cdot p(1-p)}$。

(2) 数量 n 出现的概率 $P(n)=C_N^n p^n(1-p)^{N-n}$。

(3) 数量 n 大于 M 的概率 $P(n>M)=1-\displaystyle\sum_{i=0}^{M}C_N^i p^i(1-p)^{N-i}$。

$P(n>M)$ 的物理含义为贮存完好单元的数量 n 大于 M 的概率。M 可视为可接受的完好单元数量下限。本章将 $P(n>M)$ 称为贮存达标概率,简称达标概率。将达标概率的含义和战技指标能执行任务率的定义进行对比,可发现达标概率在本质上是能执行任务率的一种具体量化形式,属于一种战备完好性指标。

定义 3.1.1(能执行任务率)　在规定的贮存剖面、维护保养及整修条件下,导弹的战术技术指标仍然满足定型要求,当要求执行任务时,处于可投入使用状态的概率。

某单元的贮存总数量记为 N,已贮存时间记为 t,贮存完好单元的数量记为 n。可用如下仿真模型来模拟贮存过程:

(1) 产生 N 个随机数 $\mathrm{simT}_i(1\leqslant i\leqslant N)$,$\mathrm{simT}_i$ 服从该单元的寿命分布规律。

(2) 在 simT_i 中统计满足 $\mathrm{simT}_i>t$ 的随机数个数,记为 simNok,simNok 为贮存 t 年后模拟的完好单元数量。

重复以上过程 sN 次,可得到 $\mathrm{simNok}_j(1\leqslant j\leqslant \mathrm{sN})$。对 simNok_j 进行如下相关统计:

(1) 统计 simNok_j 的均值、方差等。

(2) 在 simNok_j 中寻找满足 $\mathrm{simNok}_j>M$ 的随机数,记其数量为 sM,则 sM/sN 为完好单元数量大于 M 的频率。当 sN 足够大时,sM/sN 将趋近达标概

率 $P(n>M)$。

例 3.1.1　某单元的贮存寿命服从指数分布 $\text{Exp}(\mu)$，贮存平均寿命 $\mu=10$ 年，该单元的贮存总数 $N=20$，可接受的完好单元数量下限 $M=0.7N$，当贮存时间 t 为 2～20 年时，试给出以下结果：

（1）当已贮存时间为 t 时，计算单元的贮存可靠度 Pr。

（2）根据二项分布 $b(N,\text{Pr})$，解析计算完好单元数量 n 的均值 Nm、根方差 Ns，完好单元数量 n 大于均值的概率 $P(n>\text{Nm})$（对 Nm 向上取整），完好单元数量 n 大于 M 的达标概率 $P(n>M)$。

（3）利用上述仿真模型，模拟完好单元数量 n 的均值 simNm、根方差 simNs、完好单元数量 n 大于均值的概率 $P(n>\text{simNm})$、完好单元数量 n 大于 M 的达标概率 $P(n>M)$。

解　（1）由指数分布可靠度函数 $R(t)=\text{e}^{\frac{-t}{\mu}}$ 可知，单元的贮存可靠度 $\text{Pr}=\text{e}^{\frac{-t}{10}}$，具体计算结果见表 3.1.2。

（2）根据二项分布 $b(N,\text{Pr})$ 可知，完好单元数量 n 的均值 $\text{Nm}=N\cdot\text{Pr}$、根方差 $\text{Ns}=\sqrt{N\cdot\text{Pr}(1-\text{Pr})}$，完好单元数量 n 大于均值的概率 $P(n>\text{Nm})=1-\sum_{i=0}^{\text{Nm}}C_N^i p^i(1-p)^{N-i}$，完好单元数量 n 大于 M 的达标概率 $P(n>M)=1-\sum_{i=0}^{M}C_N^i p^i(1-p)^{N-i}$，具体计算结果见表 3.1.2 和图 3.1.1。

（3）按照仿真模型，相应的仿真结果见表 3.1.2。

表 3.1.2　指数型单元的贮存计算结果

已贮存时间/年	单元贮存可靠度	解析结果				仿真结果			
		完好单元数量的均值	完好单元数量的根方差	$P(n>\text{Nm})$	$P(n>M)$	完好单元数量的均值	完好单元数量的根方差	$P(n>\text{simNm})$	$P(n>M)$
2	0.82	16.37	1.7	0.497	0.861	16.37	1.7	0.512	0.861
4	0.67	13.41	2.1	0.493	0.309	13.34	2.1	0.474	0.292
6	0.55	10.98	2.2	0.587	0.054	10.92	2.2	0.581	0.042
8	0.45	8.99	2.2	0.583	0.006	9.14	2.3	0.450	0.008
10	0.37	7.36	2.2	0.466	0.001	7.32	2.2	0.454	0.000
12	0.30	6.02	2.1	0.397	0.000	6.04	2.1	0.395	0.000
14	0.25	4.93	1.9	0.571	0.000	5.06	1.9	0.407	0.000
16	0.20	4.04	1.8	0.379	0.000	4.00	1.8	0.357	0.000
18	0.17	3.31	1.7	0.427	0.000	3.34	1.7	0.442	0.000
20	0.14	2.71	1.5	0.521	0.000	2.73	1.5	0.536	0.000

(a) 不同贮存时间对应的平均完好单元数量

(b) 达标概率随贮存时间的变化曲线

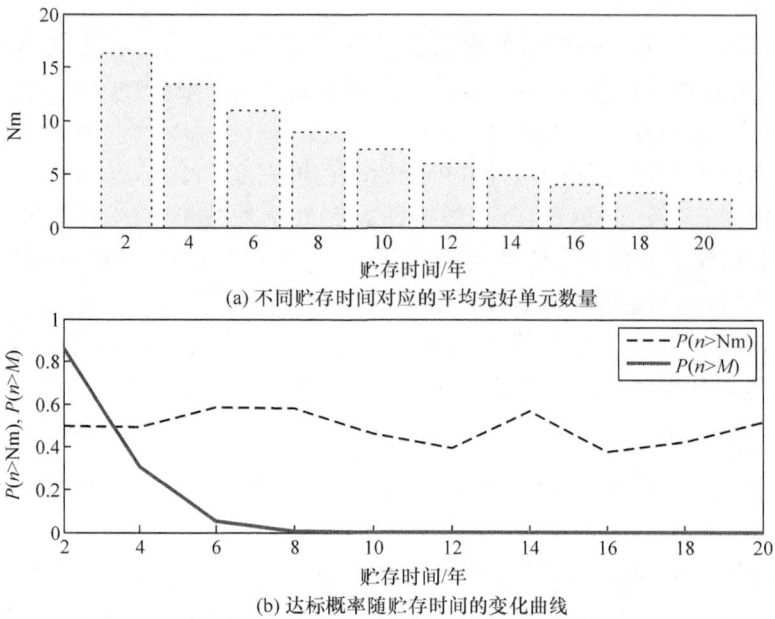

图 3.1.1　指数型单元的贮存计算结果

表 3.1.2 中，当已贮存时间分别为 8 年、14 年时，完好单元数量大于均值概率的解析结果，仿真结果出现较大偏差，这是因为对解析结果的均值向上取整后分别为 9、5，对仿真结果的均值向上取整后分别为 10、6，两者实际上不是对同一个均值进行计算的，所以导致相对应的概率出现较大偏差。

例 3.1.2　某 4 型单元的贮存寿命规律如表 3.1.3 所示，各型单元的贮存总数 $N=20$，可接受的完好单元数量下限 $M=0.7N$。

表 3.1.3　单元的贮存寿命规律

单元序号	寿命分布类型	参数 1	参数 2	寿命均值	寿命根方差
1	伽马分布	2.3	11.8	27.1	17.9
2	对数正态分布	2.8	0.6	19.7	13.0
3	正态分布	15	5.5	15.0	5.5
4	韦布尔分布	17	4.4	15.5	4.0

当贮存时间 t 为 2~20 年时，试给出以下结果：

（1）单元 1 贮存寿命服从伽马分布 Ga(2.3,11.8)，当已贮存时间为 t 时，单元的贮存可靠度为 Pr。分别用解析和仿真方式计算完好单元数量 n 的均值 Nm、根方差 Ns，完好单元数量 n 大于均值的概率 $P(n>\text{Nm})$（对 Nm 向上取整），完好单

元数量 n 大于 M 的达标概率 $P(n>M)$。

（2）单元 2 贮存寿命服从对数正态分布 LN$(2.8,0.6^2)$，当已贮存时间为 t 时，单元的贮存可靠度为 Pr。分别用解析和仿真方式计算完好单元数量 n 的均值 Nm、根方差 Ns，完好单元数量 n 大于均值的概率 $P(n>\text{Nm})$（对 Nm 向上取整），完好单元数量 n 大于 M 的达标概率 $P(n>M)$。

（3）单元 3 贮存寿命服从正态分布 $N(15,5.5^2)$，当已贮存时间为 t 时，单元的贮存可靠度为 Pr。分别用解析和仿真方式计算完好单元数量 n 的均值 Nm、根方差 Ns，完好单元数量 n 大于均值的概率 $P(n>\text{Nm})$（对 Nm 向上取整），完好单元数量 n 大于 M 的达标概率 $P(n>M)$。

（4）单元 4 贮存寿命服从韦布尔分布 $W(17,4.4)$，当已贮存时间为 t 时，单元的贮存可靠度为 Pr。分别用解析和仿真方式计算完好单元数量 n 的均值 Nm、根方差 Ns，完好单元数量 n 大于均值的概率 $P(n>\text{Nm})$（对 Nm 向上取整），完好单元数量 n 大于 M 的达标概率 $P(n>M)$。

解　各型单元的贮存规律服从二项分布 $b(N,\text{Pr})$。其中，Pr 的计算式可参照表 3.1.1。

（1）伽马型单元的贮存计算结果如表 3.1.4 和图 3.1.2 所示。

表 3.1.4　伽马型单元的贮存计算结果

已贮存时间/年	单元贮存可靠度	解析结果				仿真结果			
		完好单元数量的均值	完好单元数量的根方差	$P(n>\text{Nm})$	$P(n>M)$	完好单元数量的均值	完好单元数量的根方差	$P(n>\text{simNm})$	$P(n>M)$
2	0.99	19.89	0.3	0.894	1.000	19.90	0.3	0.904	1.000
4	0.98	19.51	0.7	0.609	1.000	19.49	0.7	0.597	1.000
6	0.94	18.89	1.0	0.694	0.999	18.93	1.0	0.712	0.999
8	0.90	18.08	1.3	0.414	0.991	18.06	1.3	0.388	0.992
10	0.86	17.13	1.6	0.436	0.944	17.16	1.6	0.446	0.947
12	0.80	16.08	1.8	0.430	0.818	16.09	1.8	0.450	0.816
14	0.75	14.99	1.9	0.615	0.615	15.07	1.9	0.421	0.626
16	0.69	13.88	2.1	0.585	0.393	13.91	2.1	0.575	0.404
18	0.64	12.77	2.1	0.559	0.213	12.67	2.2	0.545	0.208
20	0.58	11.69	2.2	0.540	0.099	11.62	2.2	0.527	0.091

(a) 不同贮存时间对应的平均完好单元数量

(b) 达标概率随贮存时间的变化曲线

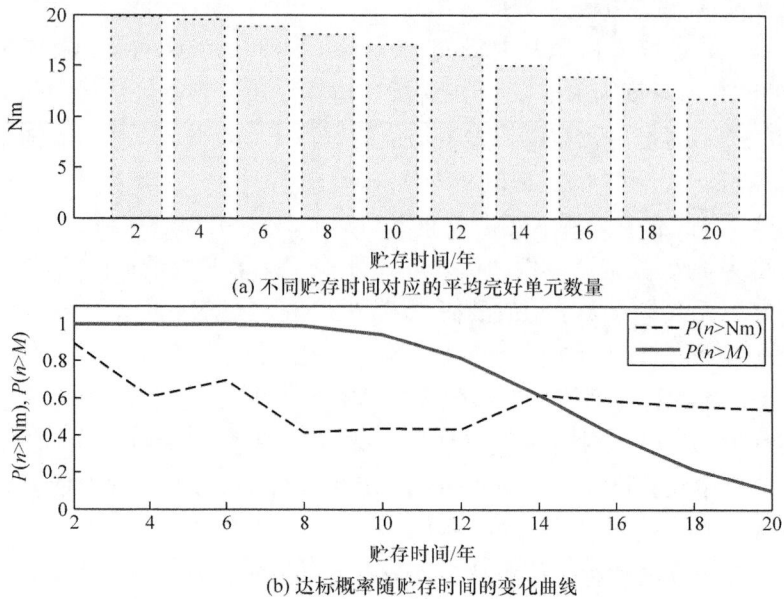

图 3.1.2　伽马型单元的贮存计算结果

(2) 对数正态型单元的贮存计算结果如表 3.1.5 和图 3.1.3 所示。

表 3.1.5　对数正态型单元的贮存计算结果

已贮存时间/年	单元贮存可靠度	解析结果				仿真结果			
		完好单元数量的均值	完好单元数量的根方差	$P(n>Nm)$	$P(n>M)$	完好单元数量的均值	完好单元数量的根方差	$P(n>simNm)$	$P(n>M)$
2	1.00	20.00	0.1	0.996	1.000	20.00	0.1	0.997	1.000
4	0.99	19.82	0.4	0.831	1.000	19.79	0.5	0.815	1.000
6	0.95	19.07	0.9	0.386	1.000	19.07	0.9	0.388	1.000
8	0.89	17.70	1.4	0.592	0.979	17.68	1.4	0.591	0.980
10	0.80	15.93	1.8	0.614	0.792	15.90	1.7	0.596	0.794
12	0.70	14.01	2.0	0.417	0.417	14.03	2.0	0.415	0.415
14	0.61	12.11	2.2	0.437	0.137	12.08	2.2	0.436	0.144
16	0.52	10.36	2.2	0.477	0.030	10.39	2.3	0.470	0.035
18	0.44	8.80	2.2	0.550	0.005	8.73	2.2	0.535	0.005
20	0.37	7.44	2.2	0.481	0.001	7.51	2.1	0.493	0.001

(a) 不同贮存时间对应的平均完好单元数量

(b) 达标概率随贮存时间的变化曲线

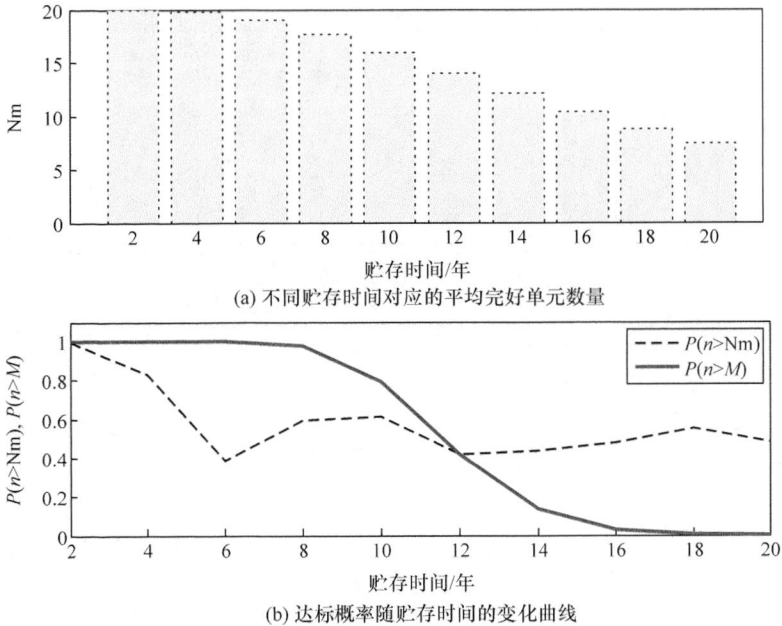

图 3.1.3　对数正态型单元的贮存计算结果

（3）正态型单元的贮存计算结果如表 3.1.6 和图 3.1.4 所示。

表 3.1.6　正态型单元的贮存计算结果

已贮存时间/年	单元贮存可靠度	解析结果				仿真结果			
		完好单元数量的均值	完好单元数量的根方差	$P(n>\mathrm{Nm})$	$P(n>M)$	完好单元数量的均值	完好单元数量的根方差	$P(n>\mathrm{simNm})$	$P(n>M)$
2	0.99	19.82	0.4	0.834	1.000	19.81	0.4	0.827	1.000
4	0.98	19.54	0.7	0.631	1.000	19.55	0.7	0.634	1.000
6	0.95	18.98	1.0	0.729	1.000	19.01	1.0	0.372	0.999
8	0.90	17.97	1.4	0.668	0.988	17.96	1.4	0.666	0.990
10	0.82	16.37	1.7	0.495	0.860	16.42	1.7	0.506	0.871
12	0.71	14.15	2.0	0.445	0.445	14.05	2.0	0.451	0.451
14	0.57	11.44	2.2	0.494	0.081	11.45	2.2	0.492	0.075
16	0.43	8.56	2.2	0.506	0.004	8.61	2.2	0.517	0.004
18	0.29	5.85	2.0	0.555	0.000	5.90	2.0	0.560	0.000
20	0.18	3.63	1.7	0.505	0.000	3.58	1.7	0.504	0.000

(a) 不同贮存时间对应的平均完好单元数量

(b) 达标概率随贮存时间的变化曲线

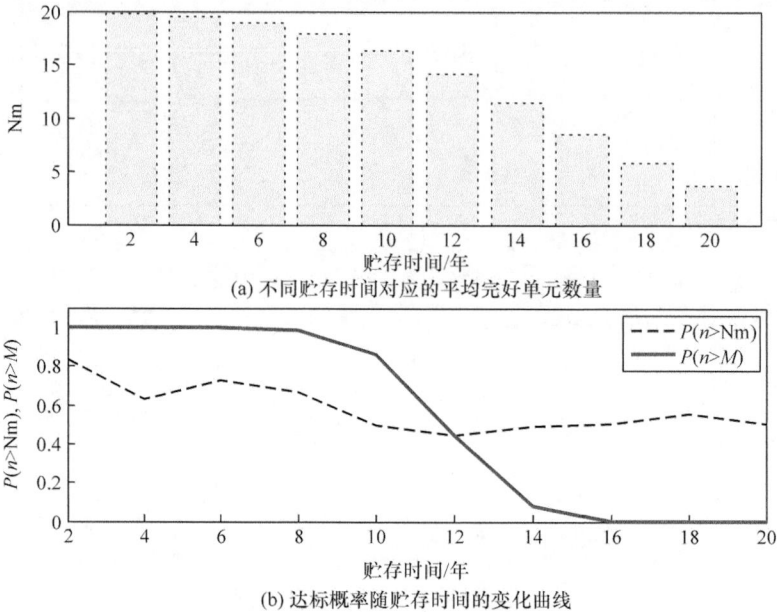

图 3.1.4　正态型单元的贮存计算结果

（4）韦布尔型单元的贮存计算结果如表 3.1.7 和图 3.1.5 所示。

表 3.1.7　韦布尔型单元的贮存计算结果

已贮存时间/年	单元贮存可靠度	解析结果				仿真结果			
		完好单元数量的均值	完好单元数量的根方差	$P(n>Nm)$	$P(n>M)$	完好单元数量的均值	完好单元数量的根方差	$P(n>simNm)$	$P(n>M)$
2	1.00	20.00	0.0	0.998	1.000	20.00	0.0	0.998	1.000
4	1.00	19.97	0.2	0.966	1.000	19.98	0.2	0.975	1.000
6	0.99	19.80	0.4	0.815	1.000	19.79	0.4	0.804	1.000
8	0.96	19.29	0.8	0.484	1.000	19.30	0.8	0.486	1.000
10	0.91	18.15	1.3	0.437	0.992	18.13	1.3	0.455	0.991
12	0.81	16.11	1.8	0.437	0.823	16.23	1.8	0.463	0.837
14	0.65	13.07	2.1	0.429	0.255	13.12	2.1	0.434	0.276
16	0.46	9.30	2.2	0.462	0.009	9.24	2.3	0.434	0.011
18	0.28	5.53	2.0	0.490	0.000	5.48	2.0	0.473	0.000
20	0.13	2.59	1.5	0.489	0.000	2.58	1.5	0.496	0.000

(a) 不同贮存时间对应的平均完好单元数量

(b) 达标概率随贮存时间的变化曲线

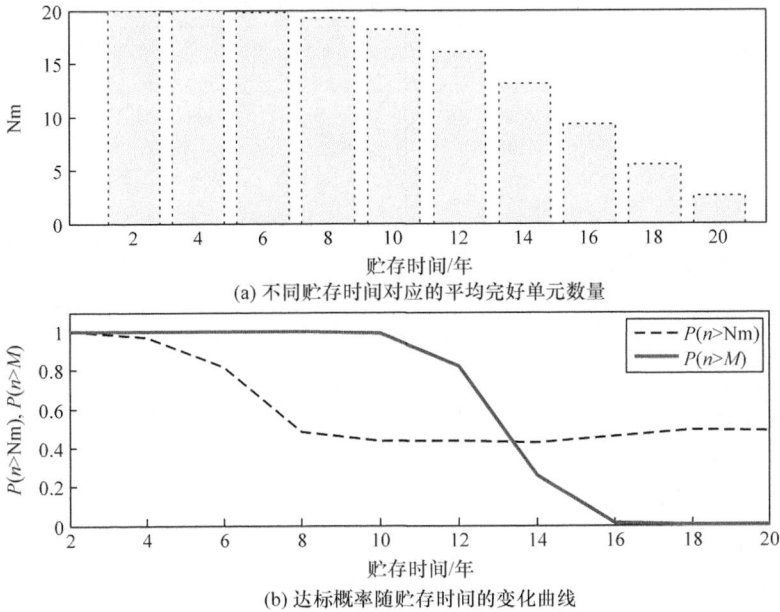

图 3.1.5　韦布尔型单元的贮存计算结果

在实际贮存期间,有可能定期对仓库的单元进行盘存:检查单元的完好性状态,移除失效的单元。那么,在移除失效单元、保留当前完好单元的情况下,如何评估后续的贮存效果呢?

假定该批次单元最初的贮存总数量为 N_1,在贮存 t_1 年后移除贮存失效的单元,剩余的完好单元数量为 N_2,继续贮存时间记为 t_2 年。在任意贮存时刻,该类单元可接受的完好单元数量下限记为 M。

对于从零时刻开始的第一次贮存,其贮存规律服从二项分布,记为 $b(N_1, p_1)$,p_1 为单元可靠度。

对于移除失效单元后的再次贮存,其贮存规律仍然服从二项分布,记为 $b(N_2, p_2)$。那么,p_2 和 p_1 是何种关系?

在可靠性数学中,若 X 为寿命,则将 $T_2 = X - t_1$ 称为剩余寿命,上述已贮存 t_1 年的单元,继续贮存年数可用剩余寿命 X_2 来表达,此时 $p_2 = P(X_2 > t_2 \mid X > t_1)$,$p_2$ 称为剩余寿命的可靠度,简称剩余可靠度。无论单元的贮存寿命服从哪种类型的分布,剩余可靠度 p_2 与可靠度 p_1 的关系满足

$$p_2 = P(T_2 > t_2 \mid X > t_1) = \frac{P(X > t_1 + t_2)}{P(X > t_1)} = \frac{P(X > t_1 + t_2)}{p_1} \tag{3.1.1}$$

表 3.1.8 列出了常见分布的可靠度和剩余可靠度函数形式。

表 3.1.8　常见分布的可靠度和剩余可靠度函数形式

序号	分布类型	可靠度	剩余可靠度
1	指数分布 $\text{Exp}(\mu)$	$p_1 = \mathrm{e}^{\frac{-t}{\mu}}$	$p_2 = \dfrac{\mathrm{e}^{-\frac{t_1+t_2}{\mu}}}{\mathrm{e}^{\frac{-t_1}{\mu}}} = \mathrm{e}^{\frac{-t_2}{\mu}}$
2	伽马分布 $\text{Ga}(\alpha,b)$	$p_1 = 1 - \dfrac{1}{b^\alpha \Gamma(\alpha)} \displaystyle\int_0^t x^{\alpha-1}\mathrm{e}^{-\frac{x}{b}}\,\mathrm{d}x$	$p_2 = \dfrac{1 - \dfrac{1}{b^\alpha \Gamma(\alpha)} \displaystyle\int_0^{t_1+t_2} x^{\alpha-1}\mathrm{e}^{-\frac{x}{b}}\,\mathrm{d}x}{1 - \dfrac{1}{b^\alpha \Gamma(\alpha)} \displaystyle\int_0^{t_1} x^{\alpha-1}\mathrm{e}^{-\frac{x}{b}}\,\mathrm{d}x}$
3	对数正态分布 $\text{LN}(\mu,\sigma^2)$	$p_1 = 1 - \dfrac{1}{\sigma\sqrt{2\pi}} \displaystyle\int_0^t \dfrac{\mathrm{e}^{\frac{-(\ln x - \mu)^2}{2\sigma^2}}}{x}\,\mathrm{d}x$	$p_2 = \dfrac{1 - \dfrac{1}{\sigma\sqrt{2\pi}} \displaystyle\int_0^{t_1+t_2} \dfrac{\mathrm{e}^{\frac{-(\ln x - \mu)^2}{2\sigma^2}}}{x}\,\mathrm{d}x}{1 - \dfrac{1}{\sigma\sqrt{2\pi}} \displaystyle\int_0^{t_1} \dfrac{\mathrm{e}^{\frac{-(\ln x - \mu)^2}{2\sigma^2}}}{x}\,\mathrm{d}x}$
4	正态分布 $N(\mu,\sigma^2)$	$p_1 = \dfrac{1}{\sigma\sqrt{2\pi}} \displaystyle\int_t^\infty \mathrm{e}^{\frac{-(x-\mu)^2}{2\sigma^2}}\,\mathrm{d}x$	$p_2 = \dfrac{\displaystyle\int_{t_1+t_2}^\infty \mathrm{e}^{\frac{-(x-\mu)^2}{2\sigma^2}}\,\mathrm{d}x}{\displaystyle\int_{t_1}^\infty \mathrm{e}^{\frac{-(x-\mu)^2}{2\sigma^2}}\,\mathrm{d}x}$
5	韦布尔分布 $W(\alpha,b)$	$p_1 = \mathrm{e}^{-\left(\frac{t}{\alpha}\right)^b}$	$p_2 = \dfrac{\mathrm{e}^{-\left(\frac{t_1+t_2}{\alpha}\right)^b}}{\mathrm{e}^{-\left(\frac{t_1}{\alpha}\right)^b}}$

在表 3.1.8 中发现：指数分布的剩余可靠度函数形式和可靠度函数形式是相同的。这是指数分布一个与众不同的特点：剩余寿命的分布规律与寿命的分布规律相同[3]。通俗地讲，指数型单元只要它的状态完好，就可以在后续的时间将其视为崭新的单元。

可建立以下仿真模型模拟继续贮存过程：

(1) 产生 N_2 个随机数 simT_i（$1 \leqslant i \leqslant N_2$），$\text{simT}_i$ 服从该单元的贮存寿命分布规律且 $\text{simT}_i > t_1$。

(2) 在 simT_i 中统计满足 $\text{simT}_i - t_1 > t_2$ 的随机数个数，记为 simNok，simNok 为已贮存 t_1 年、再贮存 t_2 年后模拟的完好单元数量。

多次重复以上过程，对得到的大量 simNok 进行统计，可以得到其均值、方差、达标概率等模拟结果。

例 3.1.3　某 4 类单元的贮存寿命规律如表 3.1.9 所示，各类单元已贮存 6 年，各类完好单元的数量 $N_2 = 16$，可接受的完好单元数量下限 $M = 12$。

表 3.1.9 某 4 类单元的贮存寿命规律

单元序号	寿命分布类型	参数 1	参数 2	寿命均值	寿命根方差
1	伽马分布	2.3	11.8	27.1	17.9
2	对数正态分布	2.8	0.6	19.7	13.0
3	正态分布	15	5.5	15.0	5.5
4	韦布尔分布	17	4.4	15.5	4.0

设继续贮存年数 t_2 分别为 2 年、4 年、6 年、8 年,试给出以下结果:

(1) 单元 1 贮存寿命服从伽马分布 Ga(2.3,11.8),单元的贮存剩余可靠度为 p_2。分别用解析和仿真方式计算完好单元数量 n 的均值 Nm、完好单元数量 n 大于 M 的达标概率 $P(n>M)$。

(2) 单元 2 贮存寿命服从对数正态分布 LN(2.8,0.6²),单元的贮存剩余可靠度为 p_2。分别用解析和仿真方式计算完好单元数量 n 的均值 Nm、完好单元数量 n 大于 M 的达标概率 $P(n>M)$。

(3) 单元 3 贮存寿命服从正态分布 $N(15,5.5^2)$,单元的贮存剩余可靠度为 p_2。分别用解析和仿真方式计算完好单元数量 n 的均值 Nm、完好单元数量 n 大于 M 的达标概率 $P(n>M)$。

(4) 单元 4 贮存寿命服从韦布尔分布 $W(17,4.4)$,单元的贮存剩余可靠度为 p_2。分别用解析和仿真方式计算完好单元数量 n 的均值 Nm、完好单元数量 n 大于 M 的达标概率 $P(n>M)$。

解 各型单元的继续贮存规律服从二项分布 $b(N,p_2)$,其中,p_2 为剩余可靠度,计算公式可参照表 3.1.8。

(1) 伽马型单元的继续贮存计算结果如表 3.1.10 和图 3.1.6 所示。

表 3.1.10 伽马型单元的继续贮存计算结果

继续贮存时间/年	单元剩余可靠度	解析结果 完好单元数量均值	$P(n>M)$	仿真结果 完好单元数量均值	$P(n>M)$
2	0.93	14.81	0.973	14.82	0.970
4	0.85	13.55	0.778	13.49	0.760
6	0.77	12.27	0.469	12.23	0.452
8	0.69	11.03	0.218	11.07	0.229

(2) 对数正态型单元的继续贮存计算结果如表 3.1.11 和图 3.1.7 所示。

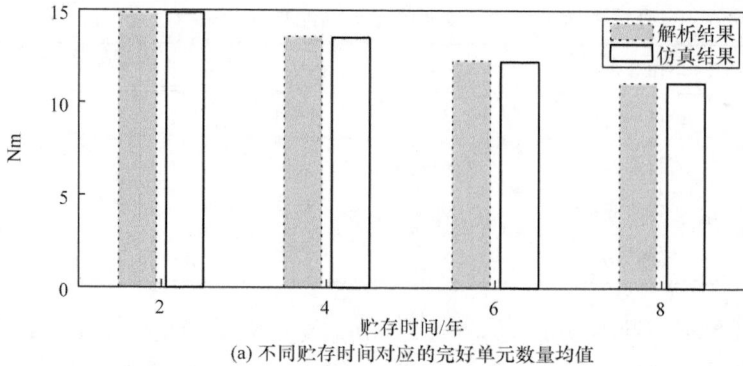

(a) 不同贮存时间对应的完好单元数量均值

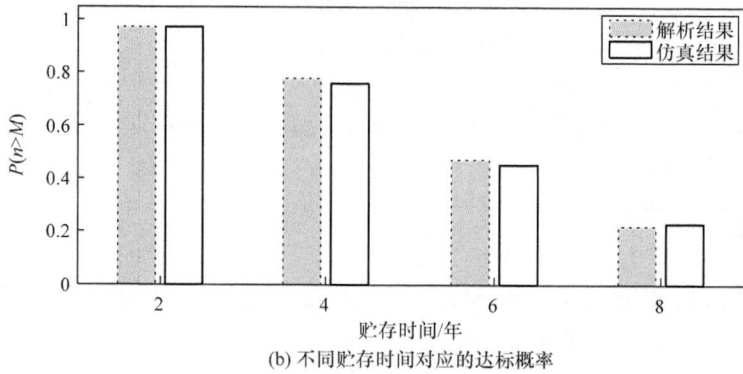

(b) 不同贮存时间对应的达标概率

图 3.1.6　伽马型单元的继续贮存计算结果

表 3.1.11　对数正态型单元的继续贮存计算结果

继续贮存时间/年	单元剩余可靠度	解析结果		仿真结果	
		完好单元数量均值	$P(n>M)$	完好单元数量均值	$P(n>M)$
2	0.90	14.40	0.931	14.45	0.936
4	0.79	12.67	0.566	12.70	0.577
6	0.69	11.00	0.213	10.99	0.204
8	0.59	9.48	0.058	9.44	0.048

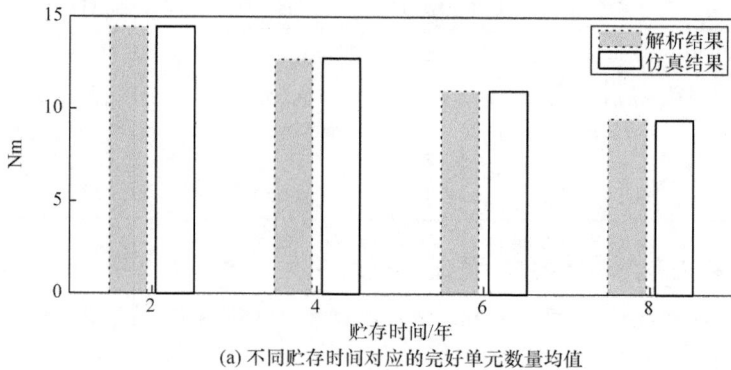

(a) 不同贮存时间对应的完好单元数量均值

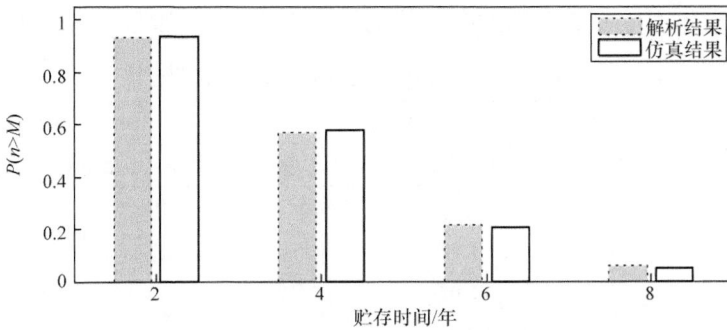

(b) 不同贮存时间对应的达标概率

图 3.1.7　对数正态型单元的继续贮存计算结果

（3）正态型单元的继续贮存计算结果如表 3.1.12 和图 3.1.8 所示。

表 3.1.12　正态型单元的继续贮存计算结果

继续贮存时间/年	单元剩余可靠度	解析结果		仿真结果	
		完好单元数量均值	$P(n>M)$	完好单元数量均值	$P(n>M)$
2	0.98	15.67	1.000	15.65	1.000
4	0.93	14.89	0.979	14.87	0.977
6	0.84	13.40	0.746	13.47	0.756
8	0.69	11.10	0.230	11.12	0.227

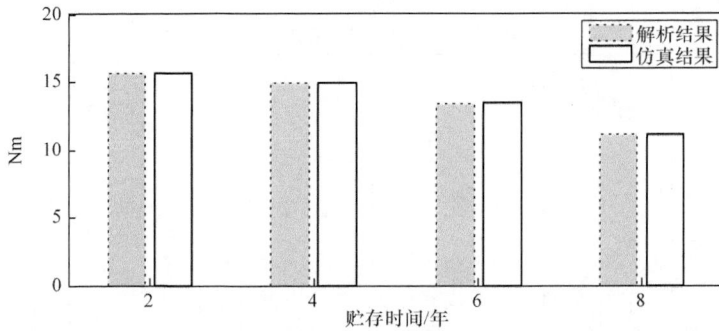

(a) 不同贮存时间对应的完好单元数量均值

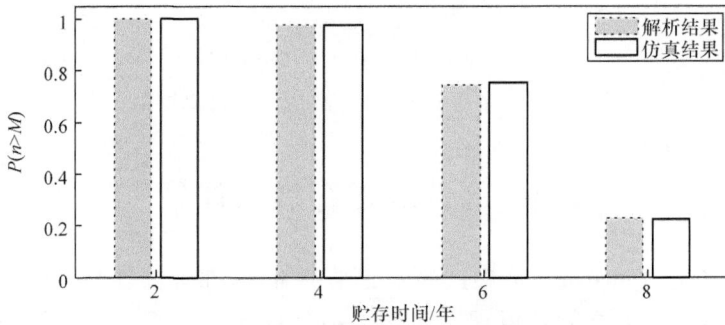

(b) 不同贮存时间对应的达标概率

图 3.1.8　正态型单元的继续贮存计算结果

（4）韦布尔型单元的继续贮存计算结果如表 3.1.13 和图 3.1.9 所示。

表 3.1.13　韦布尔型单元的继续贮存计算结果

继续贮存时间/年	单元剩余可靠度	解析结果		仿真结果	
		完好单元数量均值	$P(n>M)$	完好单元数量均值	$P(n>M)$
2	0.94	15.01	0.985	15.01	0.981
4	0.85	13.67	0.806	13.69	0.812
6	0.75	12.06	0.418	12.04	0.416
8	0.64	10.26	0.119	10.23	0.122

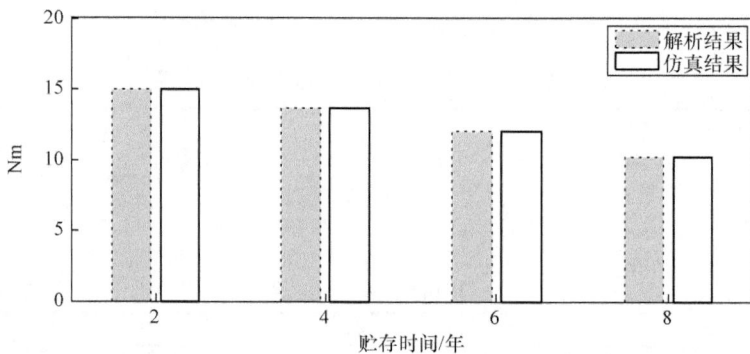

(a) 不同贮存时间对应的完好单元数量均值

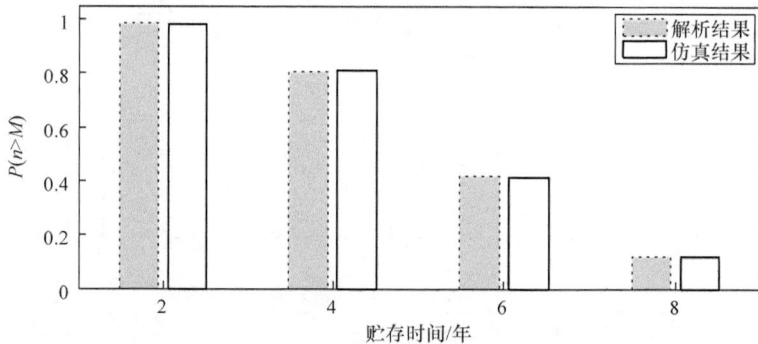

(b) 不同贮存时间对应的达标概率

图 3.1.9　韦布尔型单元的继续贮存计算结果

3.2　部件级贮存效果评估

部件由各类单元组成。如果这些单元是关重件，那么部件内这些单元之间为串联关系。这种单元之间的可靠性连接关系是从部件能否正常工作的角度得出的。如果从贮存的角度，那么单元之间仍然是独立、不相关的关系。在本书中，若无特殊声明,则从部件工作的角度约定部件内的各个单元之间为串联关系。

在对部件进行贮存时,贮存模式不同,会有不同的贮存效果。本节针对整体贮存和模块化贮存这两种模式,论述对部件贮存效果的评估方法。

3.2.1　整体贮存

整体贮存是指产品以整机的方式进行贮存。在贮存期间,构成部件的各个单元已经完成使用前的组装。从形式上来讲,部件就是最小贮存单位。因此,部件的贮存可靠度等于各个单元贮存可靠度的乘积。

假定部件的数量记为 N,部件由 K 个单元构成,已知各单元的贮存分布规律,各单元的贮存可靠度记为 Pr_i,则部件的贮存可靠度 bjPr 为

$$\mathrm{bjPr} = \prod_{i=1}^{K} \mathrm{Pr}_i \tag{3.2.1}$$

完好部件的数量 n 服从二项分布 $b(N, \mathrm{bjPr})$,数量 n 大于 M 的概率 $P(n > M)$ 为

$$P(n > M) = 1 - \sum_{i=0}^{M} C_N^i \mathrm{bjPr}^i (1 - \mathrm{bjPr})^{N-i} \tag{3.2.2}$$

可建立以下仿真模型模拟部件的整体贮存效果。

(1) 随机产生一个 $N \times K$ 的矩阵 simT,$\mathrm{simT}(i, j)$ 处于矩阵中的第 i 行、第 j 列($1 \leqslant i \leqslant N, 1 \leqslant j \leqslant K$),矩阵中的列向量 $\mathrm{simT}(:, j)$ 是符合第 j 个单元寿命分布规律的随机数,矩阵中的行向量 $\mathrm{simT}(i, :)$ 模拟一个部件中各个单元的贮存寿命。

(2) 在 $1 \leqslant i \leqslant N$ 内遍历寻找各 $\mathrm{simT}(i, :)$ 的最小值,记行向量 $\mathrm{simT}(i, :)$ 中的最小值为 minT_i,则 minT_i 为第 i 个部件的贮存寿命。

(3) 在 $1 \leqslant i \leqslant N$ 内遍历比较 minT_i 和 t(t 为已贮存时间)的大小,记满足 $\mathrm{minT}_i > t$ 的随机数数量为 simNok。

simNok 即为本次模拟的贮存 t 年后完好部件的数量。

重复以上过程 sN 次,可得到 $\mathrm{simNok}_m (1 \leqslant m \leqslant \mathrm{sN})$。对 simNok_m 进行如下相关统计:

(1) 统计 simNok_m 的均值、方差等。

(2) 在 simNok_m 中寻找满足 $\mathrm{simNok}_m > M$ 的随机数,记其数量为 sM,则 sM/sN 为完好部件数量大于 M 的频率。当 sN 足够大时,sM/sN 将趋近概率 $P(n > M)$。

例 3.2.1　某部件由 5 类单元组成,采用整体贮存模式,部件总数 $N = 30$、$M = 20$,各单元的贮存寿命分布规律如表 3.2.1 所示。贮存时间为 1~10 年。试

给出以下结果：

（1）计算贮存期间各单元和该部件历年的贮存可靠度。

（2）计算贮存期间该部件历年的平均完好数量 Nm、完好数量 n 大于 Nm 的概率 $P(n>Nm)$ 和完好数量 n 大于 M 的概率 $P(n>M)$，并进行仿真验算。

表 3.2.1　各单元的贮存寿命分布规律

单元序号	寿命分布类型	参数 1	参数 2	寿命均值	寿命根方差
1	指数分布	21.9	—	21.9	21.9
2	伽马分布	1.9	15.4	29.3	21.2
3	对数正态分布	3.1	0.4	24.0	10.0
4	正态分布	18.8	5.8	18.8	5.8
5	韦布尔分布	20.4	2.1	18.1	9.0

解　（1）按照表 3.1.1 计算各单元的贮存可靠度，利用式（3.2.1）计算部件的贮存可靠度，结果见表 3.2.2。

表 3.2.2　各单元和部件历年的可靠度

贮存时间/年	可靠度					
	单元 1	单元 2	单元 3	单元 4	单元 5	部件
1	0.955	0.997	1.000	0.999	0.998	0.950
2	0.913	0.990	1.000	0.998	0.992	0.895
3	0.872	0.978	1.000	0.997	0.982	0.835
4	0.833	0.964	1.000	0.995	0.968	0.773
5	0.796	0.948	1.000	0.991	0.949	0.710
6	0.760	0.929	0.999	0.986	0.926	0.645
7	0.726	0.909	0.998	0.979	0.900	0.580
8	0.694	0.887	0.995	0.969	0.869	0.516
9	0.663	0.864	0.988	0.954	0.836	0.452
10	0.633	0.841	0.977	0.935	0.800	0.389

（2）因为完好部件的数量 n 服从二项分布 $b(N, bjPr)$，所以该部件的完好数量均值 Nm＝$N \cdot bjPr$，利用式（3.2.2）计算 $P(n>Nm)$，历年的完好部件数量均值 Nm、完好部件数量 n 大于 Nm 的概率 $P(n>Nm)$ 和完好部件数量 n 大于 M 的概率 $P(n>M)$ 的解析结果和仿真结果见表 3.2.3 和图 3.2.1。

表 3.2.3　整体贮存的计算结果

贮存时间/年	解析结果			仿真结果		
	完好部件数量均值	$P(n>\mathrm{Nm})$	$P(n>M)$	完好部件数量均值	$P(n>\mathrm{Nm})$	$P(n>M)$
1	28.5	0.55	1.00	28.5	0.54	1.00
2	26.8	0.61	1.00	26.9	0.60	1.00
3	25.1	0.44	0.98	25.0	0.61	0.98
4	23.2	0.46	0.88	23.1	0.44	0.87
5	21.3	0.48	0.63	21.3	0.48	0.66
6	19.4	0.48	0.34	19.3	0.46	0.33
7	17.4	0.49	0.13	17.4	0.50	0.12
8	15.5	0.50	0.03	15.3	0.47	0.03
9	13.5	0.50	0.01	13.5	0.49	0.00
10	11.7	0.52	0.00	11.6	0.51	0.00

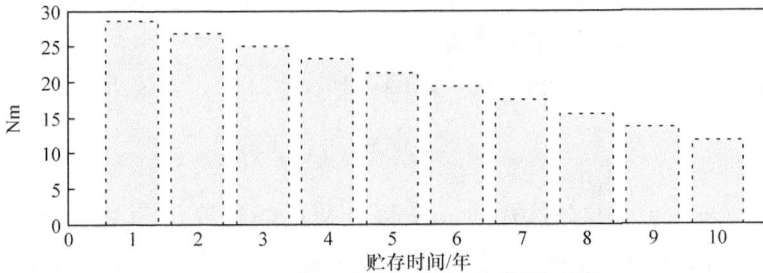

(a) 不同贮存时间对应的完好部件数量均值

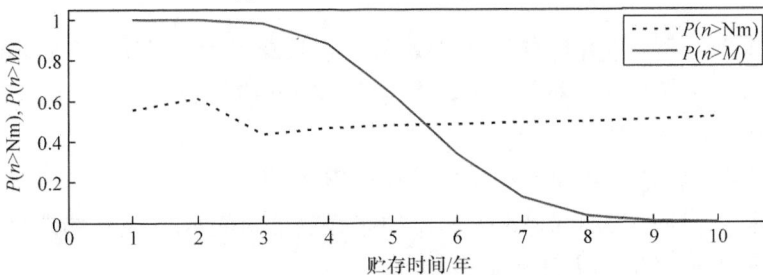

(b) 达标概率随贮存时间的变化曲线

图 3.2.1　整体贮存的贮存效果

3.2.2　模块化贮存

模块化贮存是指构成部件的各单元分散、独立贮存。在部件启用前,把各单元组装待用。从形式上来讲,单元是最小贮存单位。

若要组装 M 套可用的部件,意味着各完好单元的数量都不得小于 M。因此,完好部件数量 n 大于 M 的概率 $P(n>M)$ 与各完好单元数量 n_i 大于 M 的概率 $P(n_i>M)$ 的关系满足

$$P(n>M) = \prod_{i=1}^{K} P(n_i>M) \tag{3.2.3}$$

部件由 K 个单元构成,N_i 为第 i 个单元的贮存总数量,Pr_i 为第 i 个单元的贮存可靠度,n_i 为第 i 个单元的贮存完好数量,n_i 服从二项分布 $b(N_i, \mathrm{Pr}_i)$。

可建立以下仿真模型模拟部件的模块化贮存效果:

(1) 针对第 i 个单元,产生 N_i 个随机数 $\mathrm{simT}_{ij}(1 \leqslant j \leqslant N_i)$,$\mathrm{simT}_{ij}$ 服从该单元寿命的分布规律。

(2) 在 N_i 个随机数 $\mathrm{simT}_{ij}(1 \leqslant j \leqslant N_i)$ 中,遍历比较 simT_{ij} 和 t(t 为已贮存时间)的大小,记满足 $\mathrm{simT}_{ij}>t$ 的随机数数量为 simN_i,simN_i 为模拟的贮存 t 年后第 i 个完好单元的数量。

(3) 在 K 个数 $\mathrm{simN}_i(1 \leqslant i \leqslant K)$ 中,找到最小值,记为 simNok,simNok 为本次模拟的贮存 t 年后完好部件的数量。

重复以上过程 sN 次,可得到 $\mathrm{simNok}_m(1 \leqslant m \leqslant \mathrm{sN})$。对 simNok_m 进行如下相关统计:

(1) 统计 simNok_m 的均值、方差等。

(2) 在 simNok_m 中寻找满足 $\mathrm{simNok}_m>M$ 的随机数,记其数量为 sM,则 sM/sN 为完好部件数量大于 M 的频率。当 sN 足够大时,sM/sN 将趋近概率 $P(n>M)$。

例 3.2.2　某部件由 5 类单元组成,采用模块化贮存模式,各单元的贮存总数 N_i 相同,$N_i=30$,$M=20$,各单元的贮存寿命分布规律与表 3.2.1 相同。贮存时间为 1~10 年。试给出以下结果:

(1) 计算贮存期间各单元历年的贮存可靠度。

(2) 解析计算贮存期间该部件历年的完好数量均值 Nm、完好部件数量 n 大于 Nm 的概率 $P(n>\mathrm{Nm})$,并进行仿真验算。

(3) 解析计算贮存期间各完好单元数量 n_i 大于 M 的概率 $P(n_i>M)$ 和完好部件数量 n 大于 M 的概率 $P(n>M)$,并进行仿真验算。

解　(1) 按照表 3.1.1 计算各单元历年的可靠度,结果见表 3.2.4。

表 3.2.4　各单元历年的可靠度

贮存时间/年	单元 1	单元 2	单元 3	单元 4	单元 5
1	0.955	0.997	1.000	0.999	0.998
2	0.913	0.990	1.000	0.998	0.992
3	0.872	0.978	1.000	0.997	0.982
4	0.833	0.964	1.000	0.995	0.968
5	0.796	0.948	1.000	0.991	0.949
6	0.760	0.929	0.999	0.986	0.926
7	0.726	0.909	0.998	0.979	0.900
8	0.694	0.887	0.995	0.969	0.869
9	0.663	0.864	0.988	0.954	0.836
10	0.633	0.841	0.977	0.935	0.800

（2）因各完好单元的数量 n_i 服从二项分布 $b(N_i, Pr_i)$，故各单元的平均完好数量 $iNm_i = N_i \cdot Pr_i$，此时完好部件数量均值 Nm 为其中的最小值，即 Nm = $\min(\{iNm_i\})$。

计算各单元 $P(n_i > Nm)$ 后，完好部件数量 n 大于 Nm 的概率 $P(n > Nm) = \prod_{i=1}^{K} P(n_i > Nm)$，解析结果和仿真结果见表 3.2.5。

表 3.2.5　部件的平均完好数量结果

贮存时间/年	解析结果		仿真结果	
	完好部件数量均值	$P(n>Nm)$	完好部件数量均值	$P(n>Nm)$
1	28.7	0.61	28.6	0.60
2	27.4	0.50	27.3	0.50
3	26.2	0.45	26.1	0.45
4	25.0	0.61	25.0	0.62
5	23.9	0.58	23.9	0.58
6	22.8	0.57	22.8	0.57
7	21.8	0.56	21.7	0.54
8	20.8	0.56	20.8	0.57
9	19.9	0.56	19.9	0.59
10	19.0	0.42	18.8	0.57

（3）根据各完好单元的数量 n_i 服从二项分布 $b(N_i, Pr_i)$，可计算各完好单元数

量 n_i 大于 M 的概率 $P(n_i > M)$，部件 $P(n > M) = \prod\limits_{i=1}^{K} P(n_i > M)$，结果见表 3.2.6。

表 3.2.6　各单元和部件的概率 $P(n>M)$ 结果

| 贮存时间/年 | 解析结果 | | | | | | 仿真结果 |
	单元 1	单元 2	单元 3	单元 4	单元 5	部件	部件
1	1.000	1.000	1.000	1.000	1.000	1.000	1.000
2	1.000	1.000	1.000	1.000	1.000	1.000	1.000
3	0.997	1.000	1.000	1.000	1.000	0.997	0.999
4	0.980	1.000	1.000	1.000	1.000	0.980	0.973
5	0.931	1.000	1.000	1.000	1.000	0.931	0.945
6	0.839	1.000	1.000	1.000	1.000	0.839	0.858
7	0.709	1.000	1.000	1.000	1.000	0.709	0.705
8	0.560	0.999	1.000	1.000	0.996	0.558	0.545
9	0.415	0.995	1.000	1.000	0.982	0.406	0.421
10	0.290	0.985	1.000	1.000	0.938	0.268	0.251

完好部件数量均值 Nm 和概率 $P(n > \mathrm{Nm})$ 反映了贮存效果的常态，概率 $P(n>M)$ 则反映了贮存效果满足战备完好性的程度，两者从不同角度描述了贮存效果，其结果如图 3.2.2 所示。

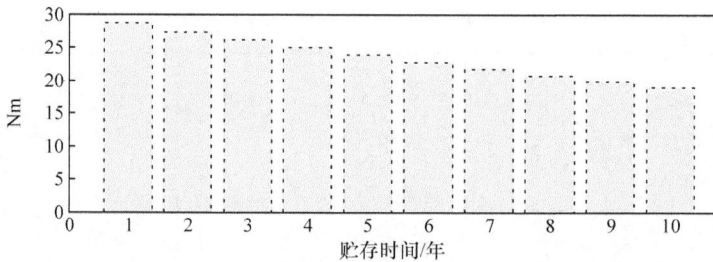

(a) 不同贮存时间对应的完好部件数量均值

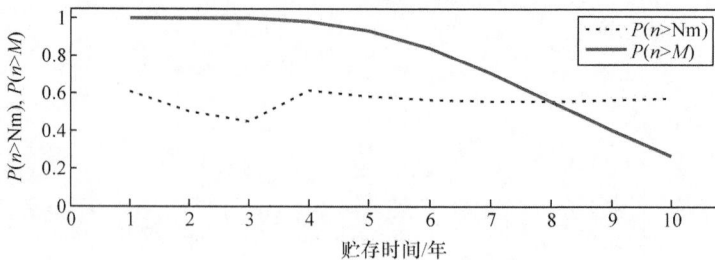

(b) 达标概率随贮存时间的变化曲线

图 3.2.2　模块化贮存效果

例 3.2.1 和例 3.2.2 中各单元的贮存可靠性相同,只是贮存模式不同,图 3.2.3 显示整体贮存和模块化贮存两者各自的贮存效果,从中可以看出:当单元的贮存可靠性不够高时,模块化贮存是一种提高贮存效果的较好模式。

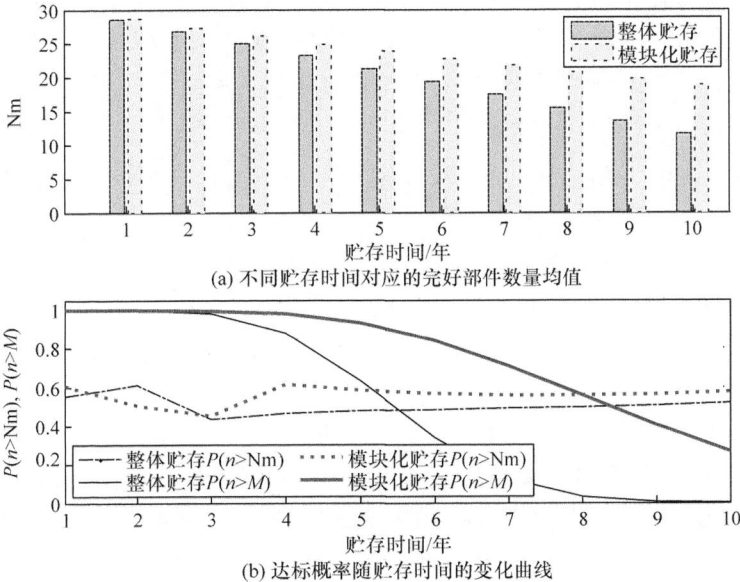

(a) 不同贮存时间对应的完好部件数量均值

(b) 达标概率随贮存时间的变化曲线

图 3.2.3 两种贮存模式的贮存效果

3.3 制订贮存方案

一般来说,在制订贮存方案时,希望能以最少的费用来满足贮存方案要求。在本节中以部件的采购费来代表总费用。因此,如何计算最小初始贮存量是制订贮存方案的重要内容。利用前面章节介绍的贮存效果评估方法,一旦贮存方案(包含初始贮存量等信息)确定,则可以判断该方案满足贮存要求的优良程度。需要注意的是:当评估方案的指标形式、指标数值不同时,满足要求的、最经济的方案也会不同。本节主要以“在贮存期 T 内的任意时刻,完好产品数量 n 大于 M 的概率 $P(n>M)$ 不低于阈值 Ps”为评价方案的指标形式,以此计算初始贮存量。

本节约定:部件由 K 个单元串联而成,各单元的价格记为 dyM_i,已知各单元的贮存分布规律。

3.3.1 初始贮存方案

初始贮存是指产品首次进行贮存,将开始贮存时刻记为零时刻。下面采用整体贮存和模块化贮存两种模式,按照贮存期间部件的达标概率 $P(n>M)$ 不低于阈值的要求,介绍各自的初始贮存量计算方法。

1. 整体贮存

由于可靠度随时间的增加而递减,因此在贮存期 T 的最后时刻可靠度最小,只要此时部件的达标概率 $P(n>M)$ 不低于阈值,就能满足对方案的指标要求。

当部件为整体贮存模式时,计算初始贮存量的步骤如下:

(1) 计算各单元在 T 时刻的可靠度,记为 $\mathrm{Pr}_i(1 \leqslant i \leqslant K)$。

(2) 部件的贮存可靠度 $\mathrm{bjPr} = \prod_{i=1}^{K} \mathrm{Pr}_i$,且完好部件的数量 n 服从二项分布 $b(N,\mathrm{bjPr})$。

(3) 令 $N = M+1$,计算 $P(n>M) = 1 - \sum_{i=0}^{M} C_N^i \mathrm{bjPr}^i (1-\mathrm{bjPr})^{N-i}$。

(4) 若 $P(n>M)<\mathrm{Ps}$,则令 $N=N+1$ 后转(3);否则,N 为满足要求的最低初始贮存量。

例3.3.1　某部件由 5 类单元组成,采用整体贮存模式,要求在贮存期 T 内的任意时刻,完好部件数量 n 大于 M 的概率 $P(n>M)$ 不低于阈值 Ps,$T=6$、$M=10$、$\mathrm{Ps}=0.7$,单元的贮存寿命分布规律如表 3.3.1 所示。按照上述方法,计算满足要求的最小初始贮存量。

表 3.3.1　5 类单元的贮存寿命分布规律

单元序号	寿命分布类型	参数 1	参数 2	寿命均值	寿命根方差	单价/元
1	指数分布	18.1	—	18.1	18.1	84.2
2	伽马分布	1.5	12.1	18.2	14.8	105.4
3	对数正态分布	2.6	0.6	16.1	10.6	214.7
4	正态分布	16.8	6.8	16.8	6.8	240
5	韦布尔分布	18.9	5.8	17.5	3.5	126.3

解　当已贮存 6 年时,各单元的贮存可靠度计算式见表 3.1.1,各单元的可靠度分别为 0.72、0.80、0.91、0.94、0.999,部件此时的可靠度 bjPr 为 0.492,则完好部件数量服从二项分布 $b(N,\mathrm{bjPr})$。经计算,当 $N=24$ 时,$P(n>M)=0.713$,大于阈值,满足要求。图 3.3.1 描绘部件初始数量从 $M+1$ 开始逐步增加时部件概率 $P(n>M)$ 的变化趋势。对于整体贮存,由于贮存数量和部件总费用线性相关,因此图 3.3.1 中曲线就是反映优化过程中各方案的效益(部件的达标概率)、费用情况的效费曲线。

2. 模块化贮存

在模块化贮存中,部件中的各型单元是最小贮存单位。完好部件数量 n 大于

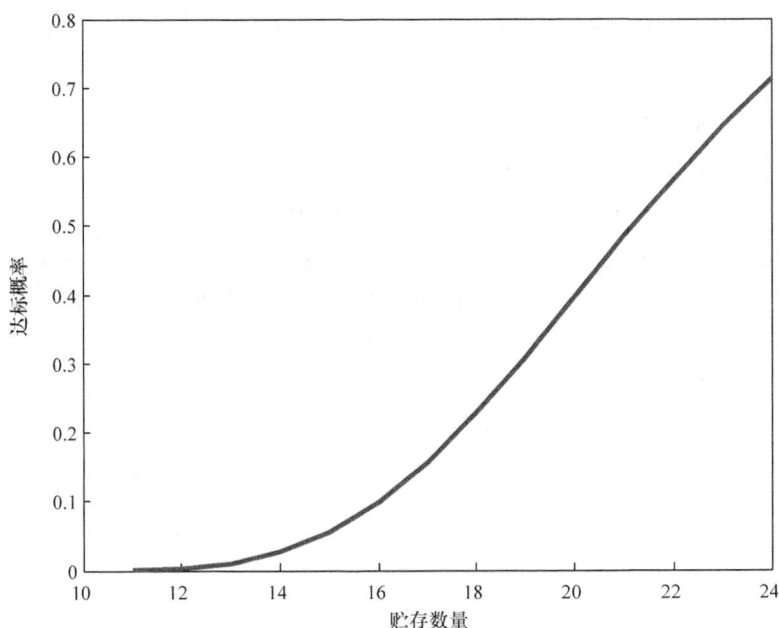

图 3.3.1　整体贮存模式的贮存方案效费曲线

M 的概率 $P(n>M)$ 与各完好单元数量 n_i 大于 M 的概率 $P(n_i>M)$ 满足以下关系：

$$P(n>M) = \prod_{i=1}^{K} P(n_i>M)$$ （3.3.1）

此时，可用边际优化算法来寻找性价比最高的方案。

　　这里约定：部件由 K 个单元组成，已知各单元的贮存寿命分布规律和单价 dyM_i，各单元的初始贮存数量记为 $\mathrm{dyN}_i(1{\leqslant}i{\leqslant}K)$，以集合 $\{\mathrm{dyN}_i \mid 1{\leqslant}i{\leqslant}K\}$ 来表示初始贮存方案；贮存时间记为 t；在贮存 t 时间后，完好部件数量 n 大于 M 的概率记为 $P(n>M)$，该达标概率用于评定初始贮存方案的保障效果；Ps 是对初始贮存方案的保障要求，只有满足 $P(n>M){\geqslant}\mathrm{Ps}$ 的贮存方案才是合格的方案。

　　当部件为模块化贮存模式时，计算初始贮存量的步骤如下：

（1）初始化。

（1.1）计算各单元在 t 时刻的可靠度，记为 $\mathrm{Pr}_i(1{\leqslant}i{\leqslant}K)$。

（1.2）令各单元的初始贮存数量 $\mathrm{dyN}_i=M+1(1{\leqslant}i{\leqslant}K)$。

（1.3）计算贮存 t 时间后各单元完好数量 n_i 大于 M 的概率 $P(n_i>M)(1{\leqslant}$
$i{\leqslant}K)$，$P(n_i>M)=1-\sum\limits_{s=0}^{M}C_{\mathrm{dyN}_i}^{s}\,\mathrm{Pr}_i^{s}\,(1-\mathrm{Pr}_i)^{\mathrm{dyN}_i-s}$。

(1.4) 计算部件的概率 $P(n>M)$，$P(n>M)=\prod\limits_{i=1}^{K}P(n_i>M)$，令 $\mathrm{Psz}=P(n>M)$。

(2) 判断是否满足贮存要求。

若 $\mathrm{Psz}\geqslant\mathrm{Ps}$，则转（4）；否则转（3）。

(3) 在当前贮存方案 $\{\mathrm{dyN}_i\,|\,1\leqslant i\leqslant K\}$ 基础上确定下一个优化后的方案。

在当前各单元的贮存数量 dyN_i 基础上生成 K 个候选方案。这 K 个候选方案互不相同，每个方案有且仅有一个单元的贮存数量与原方案对应的 dyN_i 不同（比原 dyN_i 多 1 个）。例如，某部件有 4 个单元，各单元的贮存数量分别为 3、4、2、6，则有 4 个候选方案（见表 3.3.2）。

表 3.3.2　候选方案示例

候选方案序号	单元贮存数量
1	4、4、2、6
2	3、5、2、6
3	3、4、3、6
4	3、4、2、7

具体方法如下：

(3.1) 令 $j=1$。

(3.2) 产生第 j 个候选方案 $\{\mathrm{tN}_{ji}\,|\,1\leqslant i\leqslant K\}$，$\mathrm{tN}_{ji}=\begin{cases}\mathrm{dyN}_i, & j\neq i\\ \mathrm{dyN}_i+1, & j=i\end{cases}$。

(3.3) 计算第 j 个候选方案 $\{\mathrm{tN}_{ji}\,|\,1\leqslant i\leqslant K\}$ 的达标概率 tP_j，$\mathrm{tP}_j=\prod\limits_{i=1}^{K}P(n_i>M)$，式中，$P(n_i>M)=1-\sum\limits_{s=0}^{M}C_{\mathrm{tN}_{ji}}^{s}\mathrm{Pr}_i^{s}(1-\mathrm{Pr}_i)^{\mathrm{tN}_{ji}-s}$。

(3.4) 计算第 j 个候选方案 $\{\mathrm{tN}_{ji}\,|\,1\leqslant i\leqslant K\}$ 的效费比 tPm_j，$\mathrm{tPm}_j=\dfrac{\mathrm{tP}_j-\mathrm{Psz}}{\mathrm{dyM}_j}$。$\mathrm{tPm}_j$ 反映了该候选方案每增加一元成本带来的效益增加程度。

(3.5) 令 $j=j+1$，若 $j\leqslant K$，则转（3.2），否则，转（3.6）；

(3.6) 在 $\{\mathrm{tPm}_j\,|\,1\leqslant j\leqslant K\}$ 中找出最大的效费比，记其对应的序号为 I，则第 I 号候选方案为优化后的下一个方案。更新 dyN_i，令 $\mathrm{dyN}_i=\mathrm{tN}_{ii}$；更新 Psz，令 $\mathrm{Psz}=\mathrm{tP}_I$。

(3.7) 转（2），判断 Psz 是否满足贮存要求。

(4) 终止计算。

当前各单元的贮存数量 dyN_i 构成最终的初始贮存方案 $\{\mathrm{dyN}_i\,|\,1\leqslant i\leqslant K\}$。

例 3.3.2　某部件由 5 类单元组成,采用模块化贮存模式,要求在贮存期 T 内的任意时刻,完好部件数量 n 大于 M 的概率 $P(n>M)$ 不低于阈值 Ps。已知:$T=6$、$M=10$、$Ps=0.7$,各单元的贮存寿命分布规律与例 3.3.1 相同(见表 3.3.1),按照上述基于边际优化的方法,计算满足要求的各单元最小贮存量。

解　首先计算各单元在贮存 6 年后的可靠度 Pr_i,分别为 0.72、0.80、0.91、0.94、0.999,令各单元的初始贮存数量为 11,此时各完好单元数量 n_i 大于 M 的概率 $P(n_i>M)$ 分别为 0.026、0.090、0.359、0.530、0.986,部件的概率 $P(n>M)$ 为 0.0004,小于阈值。各候选方案的相关结果如表 3.3.3 所示,候选方案 4 的边际效费比最高,因此下一个贮存方案各单元的贮存数量为 11、11、11、12、11。

表 3.3.3　候选方案的相关结果

候选方案序号	单元 1 贮存数量	单元 2 贮存数量	单元 3 贮存数量	单元 4 贮存数量	单元 5 贮存数量	部件 $P(n>M)$	边际效费比
1	12	11	11	11	11	0.0018	2.45×10^{-5}
2	11	12	11	11	11	0.0014	2.58×10^{-5}
3	11	11	12	11	11	0.0009	1.34×10^{-5}
4	11	11	11	12	11	0.0007	2.66×10^{-5}
5	11	11	11	11	12	0.0004	1.16×10^{-7}

重复以上过程继续优化,表 3.3.4 列出部件的概率 $P(n>M)$ 超过 0.9 时,获得的所有优化贮存方案,图 3.3.2 的效费曲线反映优化过程中各方案的效益(部件达标概率)、费用情况。图 3.3.2 和表 3.3.4 中的方案费用比例是方案费用与单套部件价格的比例。

表 3.3.4　模块化贮存模式的贮存方案边际优化结果

方案序号	单元 1 贮存数量	单元 2 贮存数量	单元 3 贮存数量	单元 4 贮存数量	单元 5 贮存数量	部件 $P(n>M)$	方案费用比例
1	11	11	11	11	11	0.000	11.0
2	11	11	11	12	11	0.001	11.1
3	11	12	11	12	11	0.002	11.3
4	12	12	11	12	11	0.009	11.5
5	12	12	12	12	11	0.018	11.7
6	13	12	12	12	11	0.042	12.0
7	13	13	12	12	11	0.075	12.2
8	13	13	12	13	11	0.085	12.3
9	14	13	12	13	11	0.143	12.6
10	14	14	12	13	11	0.198	12.8

续表

方案序号	单元1 贮存数量	单元2 贮存数量	单元3 贮存数量	单元4 贮存数量	单元5 贮存数量	部件 $P(n>M)$	方案费用比例
11	14	14	13	13	11	0.250	12.9
12	15	14	13	13	11	0.350	13.2
13	15	15	13	13	11	0.417	13.4
14	16	15	13	13	11	0.518	13.7
15	16	15	13	14	11	0.532	13.8
16	17	15	13	14	11	0.610	14.1
17	17	16	13	14	11	0.668	14.3
18	17	16	14	14	11	0.722	14.4
19	18	16	14	14	11	0.785	14.7
20	18	17	14	14	11	0.821	14.9
21	19	17	14	14	11	0.863	15.2
22	19	17	15	14	11	0.883	15.4
23	19	18	15	14	11	0.901	15.6

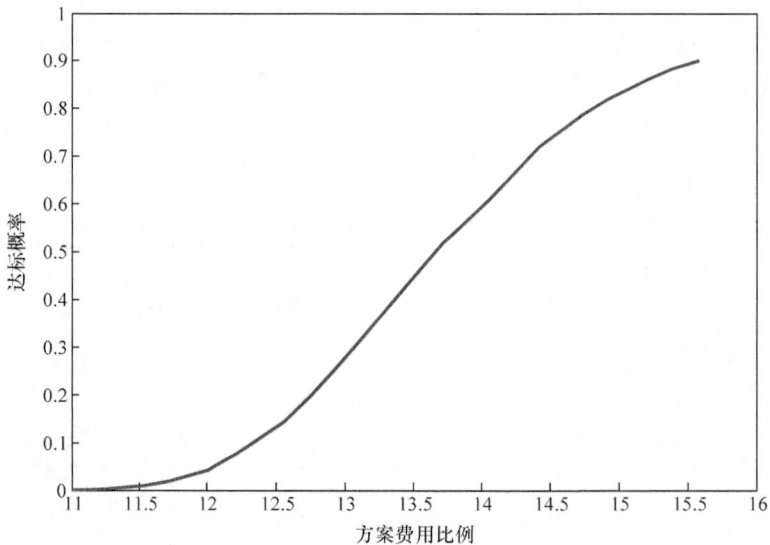

图 3.3.2　模块化贮存模式的贮存方案效费曲线

　　由表 3.3.4 可以看出,第 18 号方案满足部件概率 $P(n>M)$ 大于阈值 Ps 的要求,是符合要求的最经济贮存方案,该方案需要大概 14.4 套部件的费用,而在例 3.2.1 中,采用整体贮存模式时,符合要求的贮存方案至少需要花费 24 套部件的费用。

3.3.2　补充贮存方案

雷弹装备会因实弹训练等消耗仓库内的贮存装备。随着仓库内贮存装备数量的减小,有可能不再满足当初的贮存完好性指标要求,此时,需要往仓库内增加一部分新装备,本章将其称为补充贮存。如何计算补充贮存数量,是制订补充贮存方案的重要内容。

计算补充贮存方案的前提是能对补充贮存后的贮存效果进行评估。该评估计算涉及卷积这一数学概念,卷积用于描述两种效果叠加后的总效果。以下为连续场合的卷积定理[2]。

设 X、Y 是两个相互独立的连续随机变量,其密度函数分别为 $P_X(x)$ 和 $P_Y(y)$,则其和 $Z=X+Y$ 的密度函数为

$$P_Z(z) = \int_{-\infty}^{\infty} P_X(z-y)P_Y(y)\mathrm{d}y = \int_{-\infty}^{\infty} P_X(x)P_Y(z-x)\mathrm{d}x$$

当 X、Y 都是整数($0 \leqslant X \leqslant n, 0 \leqslant Y \leqslant m$)时,设 X、Y 是两个相互独立的离散随机变量,X 取 x 的概率记为 $P(X=x)$,当 $x > n$ 时,$P(X=x)=0$;Y 取 y 的概率记为 $P(Y=y)$,当 $y > m$ 时,$P(Y=y)=0$;则其和 $Z=X+Y$ 的取值为 $0 \sim n+m$,Z 取 z 的概率 $P(Z=z)$ 为

$$P(Z=z) = \sum_{i=0}^{z} P(X=i)P(Y=z-i) = \sum_{j=0}^{z} P(Y=j)P(X=z-j)$$

以整体贮存为例,假定仓库内有两批次同类部件,第一批次是从零时刻开始贮存的,到贮存时刻 t_1 时,仓库内还有 N_1 套该批次部件。第二批次是在 t_1 时刻进入仓库开始贮存的,第二批次部件的初始数量为 N_2。那么,如何计算在贮存时刻 $t_1 + t_2$ 的贮存效果 $P(n > M)$?

在第二批次补充进仓库后,完好部件源于第一批次或第二批次。源于第一批次的完好部件数量记为 m_1,源于第二批次的完好部件数量记为 m_2,则有 $n = m_1 + m_2$。

无论是第一批次还是第二批次,其贮存完好部件数量的统计规律都符合二项分布。对第一批次的部件,其贮存可靠度和已贮存时间 $t_1 + t_2$ 有关,记为 bjPr;对第二批次的部件,其贮存可靠度和已贮存时间 t_2 有关,记为 bjPrt。在计算各自批次的贮存可靠度后,可以计算各自的概率密度 $P(m_1=i)$ 和 $P(m_2=i)$。

$$P(m_1=i) = C_{N_1}^i \text{bjPr}^i (1-\text{bjPr})^{N_1-i}, \quad 0 \leqslant i \leqslant N_1$$

$$P(m_2=i) = C_{N_2}^i \text{bjPrt}^i (1-\text{bjPrt})^{N_2-i}, \quad 0 \leqslant i \leqslant N_2$$

下面对 $P(m_1=i)$ 和 $P(m_2=i)$ 进行卷积计算,可以得到部件完好数量 n 的概

率 $P(n=i)(0 \leqslant i \leqslant N_1 + N_2)$，进而可以得到 $P(n > M) = 1 - \sum_{i=0}^{M} P(n=i)$。

下面针对两种贮存模式具体论述。

1. 整体贮存

当部件为整体贮存模式时，在贮存时刻 t_1，若未对仓库内第一批次的部件进行完好性状态检查，则计算补充贮存量的步骤如下。

（1）初始化。

（1.1）按照表 3.1.8 中可靠度，计算第一批次各单元在贮存任务终点时刻 $t_1 + t_2$ 的可靠度，记为 $\mathrm{Pr}_i (1 \leqslant i \leqslant K)$。

计算第一批次部件的贮存可靠度 $\mathrm{bjPr} = \prod_{i=1}^{K} \mathrm{Pr}_i$。

因其完好部件的数量 m_1 服从二项分布 $b(N_1, \mathrm{bjPr})$，故可计算 m_1 的概率 $P(m_1 = i) = C_{N_1}^{i} \mathrm{bjPr}^i (1 - \mathrm{bjPr})^{N_1 - i} (0 \leqslant i \leqslant N_1)$；

（1.2）计算第二批次各单元贮存任务结束（实际贮存时长为 t_2）的可靠度，记为 $\mathrm{Prt}_i (1 \leqslant i \leqslant K)$。

计算第二批次部件的贮存可靠度 $\mathrm{bjPrt} = \prod_{i=1}^{K} \mathrm{Prt}_i$。

令补充贮存数量 N_2 为 0 和 $M + 1 - N_1$ 之间较大的数，即 $N_2 = \max([0 \quad M + 1 - N_1])$，第二批次完好部件的数量 m_2 服从二项分布 $b(N_2, \mathrm{bjPrt})$。

（2）计算方案。

（2.1）计算第二批次完好部件数量 m_2 的概率 $P(m_2 = i) = C_{N_2}^{i} \mathrm{bjPrt}^i (1 - \mathrm{bjPrt})^{N_2 - i} (0 \leqslant i \leqslant N_2)$。

（2.2）卷积计算 $P(m_1 = i)$ 和 $P(m_2 = i)$，记其结果为 $P(n=i)(0 \leqslant i \leqslant N_1 + N_2)$，则完好部件数量 n 大于 M 的概率为 $P(n > M) = 1 - \sum_{i=0}^{M} P(n=i)$。

（2.3）若 $P(n>M) < \mathrm{Ps}$，则令 $N_2 = N_2 + 1$ 后转（2.1），否则转（3）。

（3）终止计算，N_2 为满足要求的最低补充贮存量。

可建立以下仿真模型模拟补充贮存方案的整体贮存效果。

（1）随机产生一个 $N_1 \times K$ 的矩阵 simTr，用于模拟第一批次 N_1 个部件的贮存寿命情况，simTr(i,j) 处于矩阵中的第 i 行、第 j 列位置（$1 \leqslant i \leqslant N_1, 1 \leqslant j \leqslant K$），矩阵中的列向量 simTr$(:,j)$ 是符合第 j 个单元寿命分布规律的随机数，矩阵中的行向量 simTr$(i,:)$ 模拟第一批次某个部件中各个单元的贮存寿命。

（2）随机产生一个 $N_2 \times K$ 的矩阵 simTt，用于模拟第二批次 N_2 个部件的贮存寿命情况,simTt(i,j)处于矩阵中的第 i 行、第 j 列位置($1 \leqslant i \leqslant N_2$,$1 \leqslant j \leqslant K$),矩阵中的列向量 simTt($:,j$)是符合第 j 个单元寿命分布规律的随机数。

(3) 令矩阵 simTt 中的每一项 simTt(i,j)＝simTt(i,j)＋t_1,模拟该批次在时刻 t_1 进入仓库开始贮存。

(4) 令 simT＝$\begin{bmatrix} \text{simTr} \\ \text{simTt} \end{bmatrix}$,共有 $N_1 + N_2$ 个行向量。

(5) 在 $1 \leqslant i \leqslant N_1 + N_2$ 内遍历寻找各 simT($i,:$)的最小值,记行向量 simT($i,:$)中的最小值为 $\min T_i$,则 $\min T_i$ 为第 i 个部件的贮存寿命。

(6) 在 $1 \leqslant i \leqslant N$ 内遍历比较 $\min T_i$ 和 $t_1 + t_2$ 的大小,记满足 $\min T_i > t_1 + t_2$ 的随机数数量为 simNok。

simNok 为补充贮存 N_2 个新部件后在贮存任务结束时完好部件数量的模拟结果。大量重复上述过程,对得到的所有 simNok 进行统计,即可得到贮存效果。

如果在 t_1 时刻,对仓库内第一批次现有的所有部件进行完好性状态检查,并移除了失效部件,那么把上述(1.1)中"按照表 3.1.8 中可靠度"改为剩余可靠度即可。在上述仿真模型的(1)中,增加"simTr(i,j)$> t_1$"的要求。

例 3.3.3　某部件由 5 类单元组成,采用整体贮存模式,要求在贮存期内的任意时刻,完好部件数量 n 大于 M 的概率 $P(n > M)$ 不低于阈值 Ps。在 t_1 时刻,经清查库存,第一批次的部件数量为 N_1。已知 $t_2 = 6$、$M = 8$、Ps $= 0.7$、$t_1 = 3$、$N_1 = 8$,各单元贮存寿命分布规律与价格见表 3.3.5。

(1) 若在 t_1 时刻,不知道第一批次部件的完好性情况,则按照上述解析方法,计算满足 $P(n > M) \geqslant$ Ps 要求且补充数量最少的补充贮存方案,并仿真验证。

(2) 若 t_1 时刻,第一批次完好部件数量为 N_1,则按照上述解析方法,计算满足 $P(n > M) \geqslant$ Ps 要求且补充数量最少的补充贮存方案,并仿真验证。

表 3.3.5　各单元贮存寿命分布规律与价格

单元序号	寿命分布类型	参数 1	参数 2	寿命均值	寿命根方差	单价/元
1	指数分布	17.6	—	17.6	17.6	51.2
2	伽马分布	1.8	16	28.8	21.5	15.4
3	对数正态分布	2.6	0.6	16.1	10.6	49.6
4	正态分布	13.5	4.1	13.5	4.1	31.1
5	韦布尔分布	18.1	1.1	17.5	15.9	59.1

解　(1) 按照表 3.1.8 中各种常见分布类型的可靠度公式,计算第一批次、第二批次各型单元和部件在贮存任务结束时的可靠度,结果见表 3.3.6。

表 3.3.6　两批次各单元和部件的贮存可靠度

批次信息	贮存可靠度					
	单元 1	单元 2	单元 3	单元 4	单元 5	部件
第一批次	0.711	0.919	0.911	0.966	0.743	0.428
第二批次	0.843	0.974	0.994	0.995	0.871	0.707

第一批次完好部件的数量 m_1 服从二项分布 $b(8,0.428)$，计算该批次完好部件的数量 m_1 的概率 $P(m_1=i)(0 \leqslant i \leqslant N_1)$，结果见表 3.3.7。

表 3.3.7　第一批次完好部件数量 m_1 的概率

m_1	0	1	2	3	4	5	6	7	8
$P(m_1=i)$	0.011	0.069	0.180	0.269	0.251	0.150	0.056	0.012	0.001

第二批次贮存数量 N_2 的初始值为 1，逐一增加，当 $N_2=9$ 时，完好部件数量 $n>M$ 的概率 $P(n>M)=0.747$，满足大于阈值的要求。因此，补充贮存方案中最少需要新贮存 9 个部件。表 3.3.8 列出 $N_2=9$ 时，第二批次完好部件数量 m_2 的概率 $P(m_2=i)(0 \leqslant i \leqslant N_2)$。

表 3.3.9 列出 $N_2=9$ 时 $P(m_1=i)$ 和 $P(m_2=i)$ 卷积计算结果 $P(n=i)$，$P(n=i)$ 是完好部件数量 n 的概率。

表 3.3.8　第二批次完好部件数量 m_2 的概率

m_2	0	1	2	3	4	5	6	7	8	9
$P(m_2=i)$	0.000	0.000	0.003	0.019	0.068	0.164	0.264	0.273	0.165	0.044

表 3.3.9　完好部件数量 n 的概率

n	0	1	2	3	4	5	6	7	8
$P(n=i)$	0.000	0.000	0.000	0.001	0.003	0.011	0.032	0.074	0.132

n	9	10	11	12	13	14	15	16	17
$P(n=i)$	0.184	0.201	0.171	0.111	0.055	0.019	0.005	0.001	0.000

表 3.3.10、图 3.3.3 列出阈值高达 0.9 时整个方案制订过程中各个方案 $P(n>M)$ 的仿真结果和解析结果。

表 3.3.10　各方案的达标概率

补充数量	$P(n>M)$	
	仿真结果	解析结果
1	0.002	0.001
2	0.007	0.007

补充数量	$P(n>M)$	
	仿真结果	解析结果
3	0.037	0.030
4	0.089	0.087
5	0.191	0.186
6	0.311	0.322
7	0.480	0.476
8	0.631	0.623
9	0.734	0.747
10	0.835	0.840
11	0.903	0.905

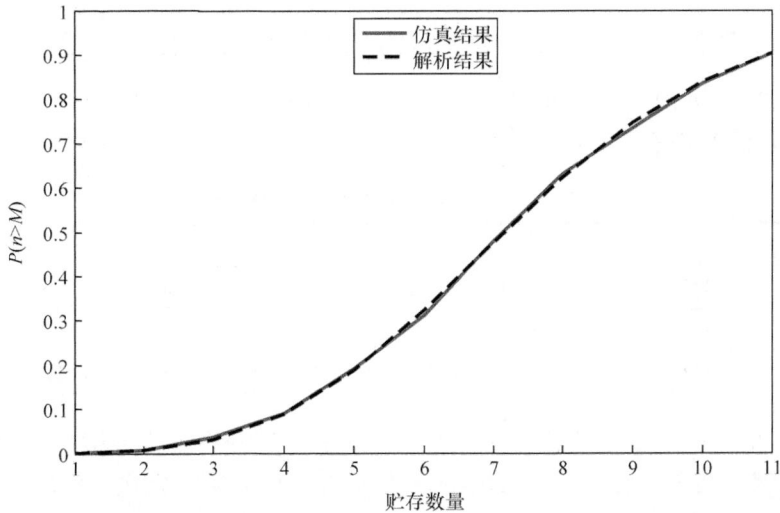

图 3.3.3　"整体贮存+第一批次部件完好性未知"补充贮存方案的贮存效果

（2）按照表 3.1.8 中各种常见分布类型的剩余可靠度公式，计算第一批次各型单元和部件在贮存任务结束时的可靠度，按照可靠度公式计算第二批次的可靠度，结果见表 3.3.11。

表 3.3.11　两批次各型单元和部件的贮存可靠度

批次信息	贮存可靠度					
	单元 1	单元 2	单元 3	单元 4	单元 5	部件
第一批次	0.843	0.944	0.917	0.971	0.854	0.605
第二批次	0.843	0.974	0.994	0.995	0.871	0.707

第一批次完好部件的数量 m_1 服从二项分布 $b(8,0.605)$，计算该批次完好部件的数量 m_1 的概率 $P(m_1=i)(0 \leqslant i \leqslant N_1)$，结果见表 3.3.12。

表 3.3.12　第一批次完好部件数量 m_1 的概率

m_1	0	1	2	3	4	5	6	7	8
$P(m_1=i)$	0.011	0.069	0.180	0.269	0.251	0.150	0.056	0.012	0.001

第二批次贮存数量 N_2 的初始值为 1，逐一增加，当 $N_2=7$ 时，完好部件数量 $n>M$ 的概率 $P(n>M)=0.763$，满足大于阈值的要求。因此，补充贮存方案中最少需要新贮存 7 个部件。表 3.3.13 列出 $N_2=7$ 时，第二批次完好部件的数量 m_2 的概率 $P(m_2=i)(0 \leqslant i \leqslant N_2)$。

表 3.3.13　第二批次完好部件数量 m_2 的概率

m_2	0	1	2	3	4	5	6	7
$P(m_2=i)$	0.000	0.003	0.023	0.091	0.220	0.318	0.256	0.088

表 3.3.14 列出 $N_2=7$ 时，$P(m_1=i)$ 和 $P(m_2=i)$ 卷积计算结果 $P(n=i)$，$P(n=i)$ 是部件完好数量 n 的概率。

表 3.3.14　完好部件数量 n 的概率

n	0	1	2	3	4	5	6	7
$P(n=i)$	0.000	0.000	0.000	0.000	0.002	0.009	0.028	0.068
n	8	9	10	11	12	13	14	15
$P(n=i)$	0.129	0.190	0.2142	0.1823	0.1134	0.0487	0.0129	0.0016

表 3.3.15 列出阈值高达 0.9 时整个方案制订过程中各个方案 $P(n>M)$ 的仿真结果和解析结果。图 3.3.4 给出了"整体贮存＋已知第一批次完好部件"补充贮存方案的贮存效果。

表 3.3.15　已知第一批次完好部件时各方案的达标概率

补充数量	$P(n>M)$	
	仿真结果	解析结果
1	0.012	0.013
2	0.073	0.063
3	0.165	0.168
4	0.324	0.316
5	0.485	0.482
6	0.615	0.637

补充数量	$P(n>M)$	
	仿真结果	解析结果
7	0.789	0.763
8	0.860	0.854
9	0.915	0.915

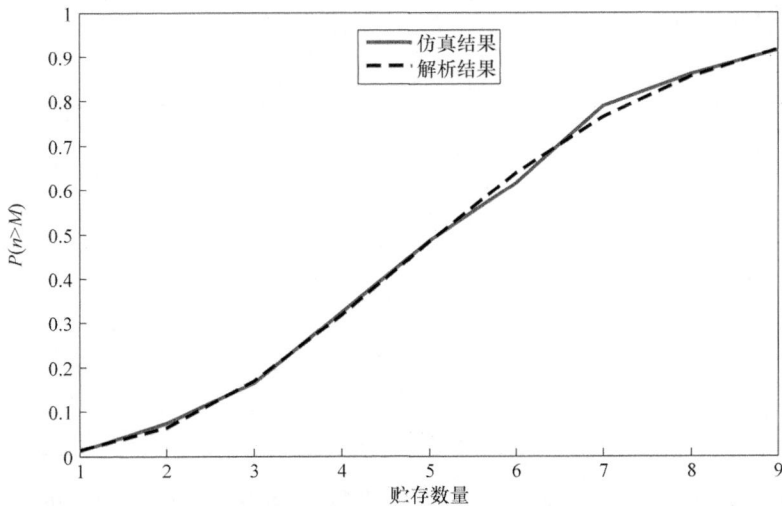

图 3.3.4　"整体贮存＋已知第一批次完好部件"补充贮存方案的贮存效果

在实际工作中,可以采用"一次贮存到位"的思路去制订初始贮存方案,也可以采用上述计算补充贮存方案的方法,制订分批次贮存的方案。下面以例题的方式展开论述。

例 3.3.4　某部件由 5 类单元组成,采用整体贮存模式,要求在贮存期内的任意时刻,完好部件数量 n 大于 M 的概率 $P(n>M)$ 不低于阈值 Ps。已知贮存任务时间为 6 年、$M=10$、Ps＝0.7,各单元的贮存寿命分布规律与例 3.3.1 相同(见表 3.3.1)。现在计划分两批次进行贮存:前 3 年贮存一批,后 3 年再贮存一批。计算满足要求的这两批次最小贮存量。

解　首先,根据 3 年内任意时刻 $P(n>M)$ 不低于阈值 Ps 的要求,计算第一批次的贮存量 N_1。当已贮存 3 年时,各单元的贮存可靠度计算式见表 3.1.1,各单元的可靠度分别为 0.85、0.92、0.99、0.98、0.99998,部件此时的可靠度为 0.758,则完好部件数量服从二项分布 $b(N_1, 0.758)$。经计算,当 $N_1=15$ 时,$P(n>M)=0.713$,大于阈值 Ps,满足要求。

然后,按照第一批次部件完好性未知的假定,计算第二批次中后 3 年的贮存量

N_2。此时,第一批次各单元按照贮存 6 年来计算贮存可靠度,各单元的可靠度分别为 0.72、0.80、0.91、0.94、0.999,部件此时的可靠度为 0.495,则第一批次完好部件数量 m_1 服从二项分布 $b(15, 0.495)$。第二批次各单元在贮存任务终点只贮存了 3 年,其各单元的可靠度分别为 0.85、0.92、0.99、0.98、0.99998,部件此时的可靠度为 0.758,则第二批次完好部件数量 m_1 服从二项分布 $b(N_2, 0.758)$。按照前面的计算步骤,当 $N_2 = 6$ 时,$P(n > M) = 0.750$,大于阈值 Ps,满足要求。

表 3.3.16 列出了计算第二批次贮存方案过程中各个方案 $P(n > M)$ 的仿真结果和解析结果。

表 3.3.16　第二批次计算贮存量过程结果

补充数量	$P(n > M)$	
	仿真结果	解析结果
0	0.058	0.055
1	0.121	0.121
2	0.241	0.222
3	0.332	0.352
4	0.502	0.495
5	0.609	0.632
6	0.779	0.750

本例中采用分两批次贮存,共贮存 21 套部件,实现了在贮存期内任意时刻完好部件数量 n 大于 M 的概率 $P(n > M)$ 不低于阈值 Ps 的要求。例 3.3.1 中,相同的部件、相同的要求,采用一次贮存到位的方式,则需要贮存 24 套部件才能达到要求。与一次贮存到位相比,两批次贮存的方案节省了 12.5% 的部件采购经费,效果比较显著。此外,还可以对第二次贮存的时机进行优化。本例中,如果"贮存任务时间为 6 年、分两批次贮存"的条件不变,可以通过遍历的方式计算第二批次贮存的各种时机对应的贮存数量,从中选定贮存总数最小的方案作为最后的优化方案。具体过程不再详述,仅列出结果,见表 3.3.17。

表 3.3.17　两次贮存的所有方案

第二批次 贮存时机/年	贮存方案 N_1, N_2	贮存总量/套	两批次贮存的 $P(n > M)$
1	12, 10	22	0.755, 0.708
2	14, 8	22	0.829, 0.785
3	15, 6	21	0.713, 0.750
4	18, 4	22	0.790, 0.786
5	20, 2	22	0.702, 0.708

　　由表 3.3.17 可以看出,在第 3 年后进行第二批次贮存所需的贮存总量最少,只需要 21 套部件。但在本例中,由于其他贮存时机所需的贮存总量都是 22 套,和 21 套相差不大,因此也可从贮存效果的角度,选择在第 2 年后开始第二批次贮存,此时,前两年的 $P(n>M)$ 高达 0.829,后 4 年的 $P(n>M)$ 高达 0.785。

2. 模块化贮存

　　记贮存任务时间长度为 t_2。部件由 K 个单元构成。

　　$dyNr_i$ 为第一批次第 i 个单元在已贮存 t_1 时间的贮存数量,Pr_i 为第一批次第 i 个单元的贮存可靠度,m_{1i} 为第一批次第 i 个单元的贮存完好数量,m_{1i} 服从二项分布 $b(dyNr_i, Pr_i)(1 \leqslant i \leqslant K)$。

　　$dyNrt_i$ 为第二批次第 i 个单元从 t_1 时刻开始贮存的数量,Prt_i 为第二批次第 i 个单元的贮存可靠度,m_{2i} 为第二批次第 i 个单元的贮存完好数量,m_{2i} 服从二项分布 $b(dyNrt_i, Prt_i)(1 \leqslant i \leqslant K)$。

　　n_i 为第 i 个单元完好数量,$n_i = m_{1i} + m_{2i}$。

　　当部件为模块化贮存模式时,在已贮存 t_1 时间,若未对仓库内第一批次的各单元进行完好性状态检查,则采用边际优化算法计算补充贮存量,具体步骤如下:

　　(1) 计算第一批次各完好单元数量 m_{1i} 的概率 $P(m_{1i}=j)$。

　　(1.1) 按照表 3.1.8 中可靠度,计算第一批次各单元在贮存任务终点 $t_1 + t_2$ 时刻的可靠度,记为 $Pr_i(1 \leqslant i \leqslant K)$。

　　(1.2) 计算第一批次各单元完好数量 m_{1i} 的概率 $P(m_{1i}=j) = C_{dyNr_i}^j Pr_i^j (1-Pr_i)^{dyNr_i-j}(0 \leqslant j \leqslant dyNr_i)$。

　　(2) 计算第二批次各单元在贮存任务终点的可靠度,记为 $Prt_i(1 \leqslant i \leqslant K)$。

　　(3) 令第二批次各单元的初始贮存数量 $dyNrt_i = \max([0 \quad M+1-dyNr_i])$ $(1 \leqslant i \leqslant K)$。

　　(4) 计算第二批次各完好单元数量 m_{2i} 的概率 $P(m_{2i}=j) = C_{dyNrt_i}^i Prt_i^j(1-Prt_i)^{dyNrt_i-j}(0 \leqslant j \leqslant dyNrt_i)$。

　　(5) 卷积计算各单元的 $P(m_{1i}=j)$ 和 $P(m_{2i}=j)$,记其结果为 $P(n_i=j)(0 \leqslant j \leqslant dyNr_i + dyNrt_i)$,则第 i 个完好单元数量 n_i 大于 M 的概率为 $P(n_i>M) = 1 - \sum_{i3=0}^{M} P(n_i=j)(1 \leqslant i \leqslant K)$。

　　(6) 计算部件的概率 $P(n>M) = \prod_{i=1}^{K} P(n_i>M)$,令 $Psz = P(n>M)$。

　　(7) 判断是否满足要求。

　　若 $Psz \geqslant Ps$,则终止计算,各单元的贮存数量 $dyNrt_i$ 为所求的补充贮存方案;否则转(8)。

（8）边际优化，确定下一个优化后的方案。

（8.1）在当前各单元的贮存数量 $dyNrt_i$ 基础上生成 K 个候选方案。这 K 个候选方案互不相同，每个方案有且仅有一个单元的贮存数量与原方案对应的 $dyNrt_i$ 不同（比原 $dyNrt_i$ 多 1 个）。例如，某部件有 4 个单元，各单元补充贮存的数量分别为 3、4、2、6，则有 4 个候选方案，如表 3.3.18 所示。

表 3.3.18　候选方案

候选方案序号	贮存数量
1	4、4、2、6
2	3、5、2、6
3	3、4、3、6
4	3、4、2、7

（8.2）按照前述（4）~（6）介绍的方法，计算各候选方案对应的部件达标概率，记为 $tPsz_i(1 \leqslant i \leqslant K)$。

（8.3）计算各候选补充方案的边际效费比 $tPm_i(1 \leqslant i \leqslant K)$，$tPm_i = \dfrac{tPsz_i - Psz}{dyM_i}$，$dyM_i$ 为第 i 个单元的采购单价。tPm_i 反映该候选方案每增加一元成本带来的效益增加程度。

（8.4）找出最大边际效费比对应的序号，记为 I，则第 I 个候选方案为优化后的下一个补充贮存方案。更新 $dyNrt_i$ 为第 I 个候选方案的对应值；更新 Psz，令 Psz 等于第 I 个候选方案对应的部件概率。

（8.5）转（7），判断是否满足要求。

可建立以下仿真模型模拟模块化贮存方式下补充贮存的效果。

（1）针对第一批次第 i 个单元，产生 $dyNr_i$ 个随机数 $simTr_j(1 \leqslant j \leqslant dyNr_i)$，$simTr_j$ 服从该单元寿命的分布规律（$1 \leqslant i \leqslant K$）。

（2）针对第二批次第 i 个单元，产生 $dyNrt_i$ 个随机数 $simTrt_j(1 \leqslant j \leqslant dyNrt_i)$，$simTrt_j$ 服从该单元寿命的分布规律，令 $simTrt_j = simTrt_j + t_1(1 \leqslant i \leqslant K)$。

（3）将 simTr 和 simTrt 合并到 simT 中，即 $simT = [simTr \quad simTrt]$，simT 包含 $dyNr_i + dyNrt_i$ 个随机数。

（4）在数组 simT 中，记满足 $simT_j > t_1 + t_2(1 \leqslant j \leqslant dyNr_i + dyNrt_i)$ 的随机数数量为 $simN_i$，$simN_i$ 为在贮存任务终点时刻模拟的第 i 个单元完好的数量。

（5）在模拟得到所有 K 个单元的完好数量 $simN_i(1 \leqslant i \leqslant K)$ 后，从中找到最小值，记为 simNok。

simNok 为补充贮存后，在贮存任务结束时完好部件数量的模拟结果。在大量重复上述过程后，对得到的所有 simNok 进行统计，即可得到贮存效果。

如果在 t_1 时刻，对仓库内第一批次现有的所有单元进行完好性状态检查，并移除失效单元,那么将上述(1.1)中按照表 3.1.8 中可靠度,改为剩余可靠度即可。在上述仿真模型的(1)中,增加"$\text{simTr}_j > t_1$"的要求。

例 3.3.5　某部件由 5 类单元组成,采用模块化贮存模式,要求在贮存任务期间的任意时刻,完好部件数量 n 大于 M 的概率 $P(n>M)$ 不低于阈值 Ps。在 t_1 时刻,经清查库存,第一批次各单元的数量为 $\text{dyNr}_i(1 \leqslant i \leqslant K)$。已知贮存任务时间为 6 年、$M=8$、$\text{Ps}=0.7$、$t_1=3$、$\text{dyNr}=[8\ \ 8\ \ 8\ \ 8\ \ 8]$、$K=5$,各单元的贮存寿命分布规律与例 3.3.3 相同(见表 3.3.5)。

(1) 若在 t_1 时刻,不知道第一批次部件的完好性情况,则按照上述解析方法,计算满足 $P(n>M) \geqslant \text{Ps}$ 要求且补充数量最少的补充贮存方案,并仿真验证。

(2) 若在 t_1 时刻,第一批次所有部件处于完好状态,则按照上述解析方法,计算满足 $P(n>M) \geqslant \text{Ps}$ 要求且补充数量最少的补充贮存方案,并仿真验证。

解　(1) 首先,按照表 3.1.8 中各种常见分布类型的可靠度公式,计算第一批次各型单元在贮存任务结束时的可靠度 $\text{Pr}_i(1 \leqslant i \leqslant K)$,结果见表 3.3.19。

表 3.3.19　两批次各单元的贮存可靠度

批次信息	贮存可靠度				
	单元 1	单元 2	单元 3	单元 4	单元 5
第一批次	0.711	0.919	0.911	0.966	0.743
第二批次	0.843	0.974	0.994	0.995	0.871

第一批次各单元的完好单元数量分别服从二项分布 $b(8,0.711)$、$b(8,0.919)$、$b(8,0.911)$、$b(8,0.966)$、$b(8,0.743)$,计算第一批次各完好单元数量 m_{1i} 的概率 $P(m_{1i}=j)(0 \leqslant j \leqslant \text{dyNr}_i)$,结果见表 3.3.20。

表 3.3.20　第一批次各完好单元数量不同时对应的概率

单元序号	各完好单元数量不同时对应的概率								
	0	1	2	3	4	5	6	7	8
1	0.000	0.001	0.008	0.041	0.125	0.245	0.302	0.213	0.065
2	0.000	0.000	0.000	0.000	0.002	0.019	0.110	0.358	0.511
3	0.000	0.000	0.000	0.000	0.003	0.025	0.127	0.371	0.474
4	0.000	0.000	0.000	0.000	0.002	0.026	0.212	0.760
5	0.000	0.000	0.004	0.026	0.093	0.215	0.311	0.257	0.093

计算第二批次各单元在贮存任务终点的可靠度 $\text{Prt}_i(1 \leqslant i \leqslant K)$,结果见表 3.3.19。

令第二批次各单元的初始贮存数量 $\text{dyNrt}=[1\ \ 1\ \ 1\ \ 1\ \ 1]$,计算此时第二批次各完好单元数量 m_{2i} 的概率 $P(m_{2i}=j)(0 \leqslant j \leqslant \text{dyNrt}_i)$,结果见表 3.3.21。

表 3.3.21　第二批次各完好单元数量对应的概率

单元序号	各完好单元数量对应的概率	
	0	1
1	0.157	0.843
2	0.026	0.974
3	0.006	0.994
4	0.005	0.995
5	0.129	0.871

卷积计算各单元的概率,结果为 $P(n_i=j)(0 \leqslant j \leqslant \mathrm{dyNr}_i + \mathrm{dyNrt}_i)$,$P(n_i=j)$ 是第 i 个完好单元数量的概率,结果见表 3.3.22。

表 3.3.22　各完好单元数量对应的概率

单元序号	各完好单元数量对应的概率									
	0	1	2	3	4	5	6	7	8	9
1	0.000	0.000	0.002	0.013	0.054	0.144	0.254	0.288	0.189	0.055
2	0.000	0.000	0.000	0.000	0.000	0.003	0.022	0.116	0.362	0.498
3	0.000	0.000	0.000	0.000	0.003	0.025	0.128	0.371	0.472	
4	0.000	0.000	0.000	0.000	0.000	0.002	0.027	0.215	0.756	
5	0.000	0.000	0.001	0.007	0.034	0.109	0.227	0.304	0.236	0.081

此时,各完好单元的数量 n_i 大于 M 的概率分别为 0.055、0.498、0.472、0.756、0.081,部件的概率 $P(n>M) = \prod_{i=1}^{K} P(n_i > M)$ 为 0.0008,令 $\mathrm{Psz} = P(n>M)$。

由于该补充贮存方案 dyNrt=[1　1　1　1　1]不满足要求,因此需要增加补充贮存数量。利用边际优化算法产生 5 个候选方案。这 5 个候选方案互不相同,每个候选方案有且仅有一个单元的贮存数量与原方案对应的 dyN2$_i$ 不同(比原dyN2$_i$ 多 1 个),5 个候选方案见表 3.3.23。

表 3.3.23　5 个候选方案

方案信息	单元 1 补充数量	单元 2 补充数量	单元 3 补充数量	单元 4 补充数量	单元 5 补充数量	$P(n>M)$	边际效费比
当前方案	1	1	1	1	1	0.0008	—
候选方案 1	2	1	1	1	1	0.003	4.49×10^{-5}
候选方案 2	1	2	1	1	1	0.001	3.65×10^{-5}
候选方案 3	1	1	2	1	1	0.001	1.25×10^{-5}
候选方案 4	1	1	1	2	1	0.001	7.20×10^{-6}
候选方案 5	1	1	1	1	2	0.003	3.40×10^{-5}

计算各候选方案的部件达标概率,记为 $tPsz_i$;计算各候选方案的边际效费比 $tPm_i = \dfrac{tPsz_i - Psz}{dyM_i}$,结果见表 3.3.23。因候选方案 1 的边际效费比最高,故将其选定为下一个方案。

重复以上过程,直到方案的部件概率 $P(n > M)$ 满足要求。表 3.3.24、图 3.3.5 列出部件概率 $P(n > M)$ 大于 0.9 时边际优化过程中各个中间优化方案情况。

表 3.3.24　边际优化过程的中间优化方案

方案序号	单元 1 补充数量	单元 2 补充数量	单元 3 补充数量	单元 4 补充数量	单元 5 补充数量	$P(n > M)$ 解析结果	$P(n > M)$ 仿真结果	费用比例
1	1	1	1	1	1	0.001	0.001	1.00
2	2	1	1	1	1	0.003	0.001	1.25
3	2	2	1	1	1	0.005	0.006	1.32
4	2	2	1	1	2	0.019	0.019	1.61
5	3	2	1	1	2	0.039	0.034	1.86
6	3	2	2	1	2	0.069	0.070	2.10
7	3	2	2	1	2	0.131	0.126	2.38
8	4	2	2	1	3	0.196	0.197	2.63
9	4	3	2	1	3	0.223	0.216	2.71
10	4	3	2	2	3	0.286	0.277	2.86
11	4	3	2	2	4	0.398	0.394	3.14
12	5	3	2	2	4	0.494	0.508	3.39
13	5	3	3	2	4	0.570	0.554	3.63
14	5	3	3	2	5	0.670	0.672	3.92
15	6	3	3	2	5	0.746	0.765	4.17
16	6	4	3	2	5	0.766	0.754	4.24
17	6	4	3	2	6	0.823	0.847	4.53
18	7	4	3	2	6	0.866	0.861	4.78
19	7	4	3	3	6	0.890	0.889	4.93
20	7	4	4	3	6	0.915	0.916	5.17

由表 3.3.24 可以看出,当阈值 Ps=0.7 时,第 15 号方案(各单元补充贮存数量为 6、3、3、2、5)是满足要求的、性价比最高的方案,其采购费用相当于购置了 4.17 套部件。在例 3.3.3 的(1)中,除了贮存模式不同外,单元的寿命规律等都相同,整体贮存模式需要补充贮存 9 套部件才能达到要求。

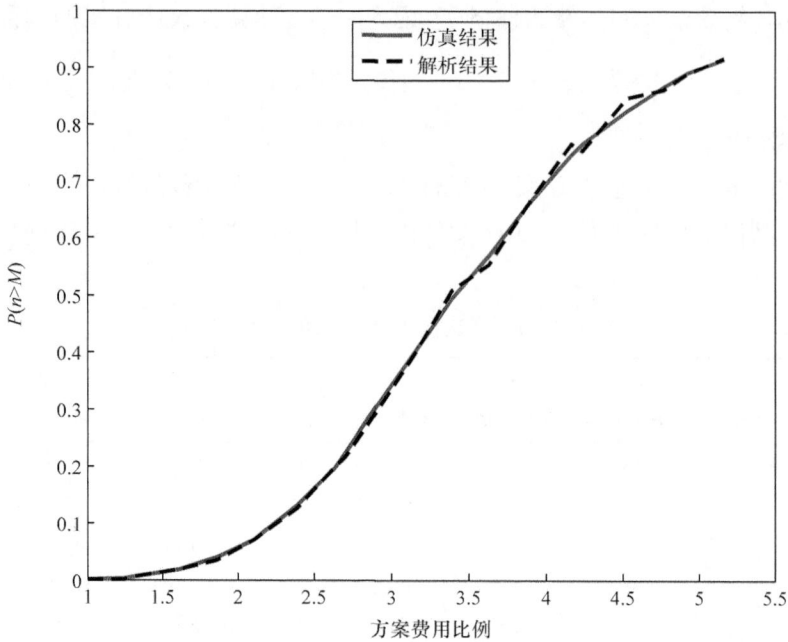

图 3.3.5 "模块化贮存＋第一批次未知单元完好性状态"补充贮存方案的贮存效果

（2）按照表 3.1.8 中各种常见分布类型的剩余可靠度公式，计算第一批次各型单元在贮存任务结束时的可靠度 $\mathrm{Pr}_i(1 \leqslant i \leqslant K)$，结果见表 3.3.25。

表 3.3.25　已知第一批次单元完好性时的两批次各型单元的贮存可靠度

批次信息	贮存可靠度				
	单元 1	单元 2	单元 3	单元 4	单元 5
第一批次	0.843	0.944	0.917	0.971	0.854
第二批次	0.843	0.974	0.994	0.995	0.871

计算第一批次各完好单元数量 m_{1i} 的概率 $P(m_{1i}=j)(0 \leqslant j \leqslant \mathrm{dyNr}_i)$，结果见表 3.3.26。

表 3.3.26　已知第一批次单元完好性时第一批次各单元完好数量对应的概率

单元序号	各单元完好数量对应的概率								
	0	1	2	3	4	5	6	7	8
1	0.000	0.000	0.000	0.003	0.021	0.092	0.247	0.380	0.256
2	0.000	0.000	0.000	0.001	0.007	0.062	0.299	0.631	
3	0.000	0.000	0.000	0.000	0.002	0.021	0.115	0.363	0.499
4	0.000	0.000	0.000	0.000	0.001	0.019	0.187	0.793	
5	0.000	0.000	0.000	0.002	0.017	0.080	0.232	0.387	0.282

计算第二批次各单元在贮存任务终点的可靠度 $\mathrm{Prt}_i\,(1\leqslant i\leqslant K)$，结果见表 3.3.25。

令第二批次各单元的初始贮存数量 $\mathrm{dyNrt}=[1\quad 1\quad 1\quad 1\quad 1]$，计算此时第二批次各完好单元数量 m_{2i} 的概率 $P(m_{2i}=j)\,(0\leqslant j\leqslant \mathrm{dyNrt}_i)$，结果见表 3.3.27。

表 3.3.27　已知第一批次单元完好性时第二批次各完好单元数量对应的概率

单元序号	各完好单元数量对应的概率	
	0	1
1	0.157	0.843
2	0.026	0.974
3	0.006	0.994
4	0.005	0.995
5	0.129	0.871

卷积计算各单元的 $P(m_{1j}=j)$ 和 $P(m_{2i}=j)$，其结果为 $P(n_i=j)\,(0\leqslant j\leqslant \mathrm{dyNr}_i+\mathrm{dyNrt}_i)$，$P(n_i=j)$ 是第 i 个完好单元数量的概率，结果见表 3.3.28。

表 3.3.28　已知第一批次单元完好性时各完好单元数量对应的概率

单元序号	各完好单元数量对应的概率									
	0	1	2	3	4	5	6	7	8	9
1	0.000	0.000	0.000	0.001	0.006	0.032	0.116	0.268	0.361	0.216
2	0.000	0.000	0.000	0.000	0.000	0.001	0.009	0.068	0.308	0.614
3	0.000	0.000	0.000	0.000	0.002	0.022	0.117	0.363	0.495	
4	0.000	0.000	0.000	0.000	0.001	0.020	0.190	0.789		
5	0.000	0.000	0.000	0.000	0.004	0.025	0.099	0.252	0.373	0.245

此时，各完好单元的数量 n_i 大于 M 的概率分别为 0.216、0.614、0.495、0.789、0.245，完好部件数量 n 大于 M 的概率 $P(n>M)=\prod_{i=1}^{K}P(n_i>M)$ 为 0.0127，令 $\mathrm{Psz}=P(n>M)$。

因该补充贮存方案 $\mathrm{dyNrt}=[1\quad 1\quad 1\quad 1\quad 1]$ 不满足要求，故需要增加补充贮存数量。利用边际优化算法产生 5 个候选方案，见表 3.3.29。

表 3.3.29　补充贮存的候选方案

方案信息	单元 1 补充数量	单元 2 补充数量	单元 3 补充数量	单元 4 补充数量	单元 5 补充数量	$P(n>M)$	边际效费比
当前方案	1	1	1	1	1	0.0127	
候选方案 1	2	1	1	1	1	0.031	3.50×10^{-4}

续表

方案信息	单元1 补充数量	单元2 补充数量	单元3 补充数量	单元4 补充数量	单元5 补充数量	$P(n>M)$	边际效费比
候选方案2	1	2	1	1	1	0.019	4.02×10^{-4}
候选方案3	1	1	2	1	1	0.022	1.87×10^{-4}
候选方案4	1	1	1	2	1	0.016	9.78×10^{-5}
候选方案5	1	1	1	1	2	0.030	2.85×10^{-4}

　　计算各候选方案的完好部件数量 n 大于 M 的概率 $P(n>M)$，记为 $tPsz_i$；计算各候选方案的边际效费比 $tPm_i = \dfrac{tPsz_i - Psz}{dyM_i}$，结果见表3.3.29。因候选方案2的边际效费比最高，故将其选定为下一个方案。

　　重复以上过程，直到方案的完好部件数量 n 大于 M 的概率 $P(n>M)$ 满足要求。表3.3.30、图3.3.6列出 $P(n>M)$ 大于 0.9 时边际优化过程中各个中间优化方案情况。

表 3.3.30　已知第一批次单元完好性时的边际优化结果

方案 序号	单元1 补充数量	单元2 补充数量	单元3 补充数量	单元4 补充数量	单元5 补充数量	$P(n>M)$		费用 比例
						解析结果	仿真结果	
1	1	1	1	1	1	0.013	0.017	1.00
2	1	2	1	1	1	0.019	0.013	1.07
3	2	2	1	1	1	0.046	0.052	1.32
4	2	2	1	1	2	0.106	0.114	1.61
5	2	2	2	1	2	0.183	0.176	1.85
6	3	2	2	1	2	0.267	0.286	2.10
7	3	2	2	2	2	0.331	0.363	2.25
8	3	2	2	2	3	0.466	0.452	2.53
9	3	3	2	2	3	0.503	0.499	2.61
10	4	3	2	2	3	0.594	0.622	2.86
11	4	3	2	2	3	0.676	0.668	3.10
12	4	3	3	2	4	0.777	0.770	3.38
13	5	3	3	2	4	0.833	0.826	3.63
14	5	3	3	2	5	0.878	0.894	3.92
15	5	4	3	2	5	0.889	0.894	3.99
16	5	4	3	3	5	0.908	0.905	4.14

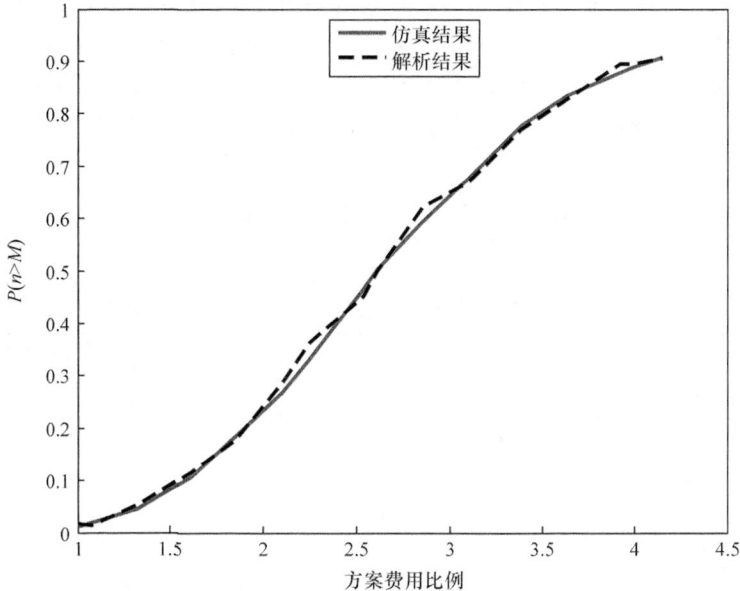

图 3.3.6　"模块化贮存＋已知第一批次单元完好性状态"补充贮存方案的贮存效果

由表 3.3.30 可以看出,当阈值 Ps＝0.7 时,第 12 个方案(各单元补充贮存数量为 4、3、3、2、4)是满足要求的、性价比最高的方案,其采购费用相当于购置了 3.38 套部件,相比本题(1)的补充方案(其采购费用相当于购置了 4.17 套部件),费用又进一步减少。

在实际工作中,可以采用"一次贮存到位"的思路去制订初始贮存方案,也可以采用上述计算补充贮存方案的方法,制订分批次贮存方案。下面以例题的方式展开论述。

例 3.3.6　某部件由 5 类单元组成,采用模块化贮存模式,要求在贮存任务期间的任意时刻,完好部件数量 n 大于 M 的概率 $P(n>M)$ 不低于阈值 Ps。已知:贮存任务时间为 6 年、$M=10$、Ps＝0.7,各单元的贮存寿命分布规律与例 3.3.1 相同(见表 3.3.1)。现在计划分两批次进行贮存:前 3 年贮存一批,后 3 年再贮存一批。计算满足要求的这两批次各单元最小贮存量。

解　首先,根据 3 年内任意时刻 $P(n>M)$ 不低于阈值 Ps 的要求,计算第一批次的贮存量 dyNr。当已贮存 3 年时,各单元的贮存可靠度计算式见表 3.1.1,各单元的可靠度分别为 0.85、0.92、0.99、0.98、0.99998。经计算,当第一批次各单元贮存量 dyNr＝[14　13　11　12　11]时,$P(n>M)=0.708$,大于阈值 Ps,满足要求。

然后,按照第一批次部件完好性未知的假定,计算第二批次中各单元补充贮存量 dyNrt。此时,第一批次各单元的贮存可靠度按照贮存 6 年进行计算,各单元的可靠度分别为 0.72、0.80、0.91、0.94、0.999。第二批次各单元在贮存任务终点只贮存了 3 年,各单元的可靠度分别为 0.85、0.92、0.99、0.98、0.99998。按照前面的计算步骤,当 dyNrt＝[3　2　2　2　0]时,$P(n>M)=0.705$,大于阈值 Ps,满足要求。

表 3.3.31 列出了计算第二批次贮存方案过程中各个方案 $P(n>M)$ 的解析结果和仿真结果。

表 3.3.31　分批次贮存时第二批次计算贮存量中间过程结果

单元 1 补充数量	单元 2 补充数量	单元 3 补充数量	单元 4 补充数量	单元 5 补充数量	$P(n>M)$ 解析结果	$P(n>M)$ 仿真结果
0	0	0	0	0	0.064	0.064
0	0	1	0	0	0.133	0.150
0	0	1	1	0	0.150	0.129
0	1	1	1	0	0.216	0.223
1	1	1	1	0	0.318	0.308
1	1	2	1	0	0.399	0.390
1	2	2	1	0	0.477	0.485
2	2	2	1	0	0.602	0.595
3	2	2	1	0	0.688	0.687
3	2	2	2	0	0.705	0.712

本例中分两批次贮存,各单元贮存量分别为 17、16、13、14、11,实现了在任意贮存期间完好部件数量 n 大于 M 的概率 $P(n>M)$ 不低于阈值 Ps 的要求。在例 3.3.2 中,同样是模块化贮存,相同的单元、相同的要求,采用一次贮存到位的方式,各单元贮存量分别为 17、16、14、14、11 时达到要求。两者的差别并不大。

此外,还可以对第二批次贮存的时机进行优化。本例中,如果"贮存任务时间为 6 年、分两批次贮存"的条件不变,可以通过遍历的方式,计算第二批次贮存的各种时机对应的贮存量,从中选定贮存总数最小的方案作为最后的优化方案。具体过程不再详述,仅列出结果,见表 3.3.32。

表 3.3.32　分批次贮存时两次贮存的所有方案

第二批次贮存时机/年	第一批次贮存数量 单元 1	单元 2	单元 3	单元 4	单元 5	第二批次贮存数量 单元 1	单元 2	单元 3	单元 4	单元 5	两批次贮存的 $P(n>M)$	总费用比例
1	12	11	11	12	11	5	5	2	2	0	0.713　0.718	14.3
2	13	12	11	12	11	4	4	2	2	0	0.749　0.750	14.3

续表

第二批次 贮存时机 /年	第一批次贮存数量					第二批次贮存数量					两次贮存的 $P(n>M)$		总费用 比例
	单元 1	单元 2	单元 3	单元 4	单元 5	单元 1	单元 2	单元 3	单元 4	单元 5			
3	14	13	11	12	11	3	2	2	2	0	0.708	0.705	14.1
4	15	14	12	13	11	2	2	1	1	0	0.753	0.746	14.3
5	16	15	13	13	11	1	1	0	1	0	0.739	0.709	14.3

由表 3.3.32 结果来看,无论是费用还是贮存效果,所有两批次贮存方案之间的差别都不大。相对来说,第 2 年后开始第二批次贮存的方案 2 是效费比较好的方案。

以下算例是一个合理选择第二批次贮存时机后,能显著减少费用的例子。该算例各单元信息见表 3.3.33,两批次贮存的所有方案见表 3.3.34。其贮存任务时间为 12 年,以 2 年为步长遍历计算第二批次贮存时机。在该算例中,第 6 年后进行第二批次贮存是既满足要求又使总费用最低的方案;第 4 年、第 8 年后的方案次优;在第 2 年、第 10 年后的方案最差,尤其是第 10 年后的方案,费用极高、贮存效果却一般。

表 3.3.33　该算例的各单元信息

单元序号	寿命分布类型	参数 1	参数 2	寿命均值	寿命根方差	单价/元
1	指数分布	11.5	—	11.5	11.5	18.8
2	伽马分布	4.2	14.2	59.6	29.1	11.9
3	对数正态分布	2	0.3	7.7	2.4	47.7
4	正态分布	14.2	4	14.2	4.0	50.9
5	韦布尔分布	16.5	3.9	14.9	4.3	15.1

表 3.3.34　该算例两次贮存的所有方案

第二批次 贮存时机 /年	第一批次贮存数量					第二批次贮存数量					两次贮存的 $P(n>M)$		总费用 比例
	单元 1	单元 2	单元 3	单元 4	单元 5	单元 1	单元 2	单元 3	单元 4	单元 5			
2	14	11	11	11	11	27	1	78	8	8	0.814	0.710	44.4
4	18	11	12	11	11	17	1	31	6	6	0.767	0.701	27.5
6	23	11	16	12	12	11	1	16	4	5	0.713	0.722	23.4
8	30	12	32	14		5	0	11	3	3	0.706	0.702	27.2
10	39	12	81	16	17	1	0	9	2	1	0.703	0.764	44.2

从以上算例可以看出,多批次贮存方案优化大有可为。

3.4　小　　结

对于单个产品,可用贮存寿命的分布函数来定量描述其贮存效果,这也是第2章的主要内容。本章主要针对批量贮存的产品,采用二项分布来定量描述其总体贮存效果,并按照整体贮存和模块化贮存这两种不同的贮存模式,给出了贮存效果评估方法,可用于解决制订初始贮存方案和补充贮存方案时如何合理计算贮存产品数量的问题。

参 考 文 献

[1] 孟涛,张仕念,易当祥,等. 导弹贮存延寿技术概论[M]. 北京:中国宇航出版社,2007.

[2] 茆诗松,程依明,濮晓龙. 概率论与数理统计教程[M]. 2版. 北京:高等教育出版社,2010.

[3] 张志华. 可靠性理论及工程应用[M]. 北京:科学出版社,2012.

第4章　维修备件需求量的计算方法

装备在贮存期间会发生贮存失效，因此需要开展维修工作。备件作为一种重要的维修资源，如何计算其需求量是制订相关维修计划时面临的基本问题。

本章的维修特指更换失效件的换件维修，以装备层次结构中的部件为计算对象，并且把部件简化成由关键单元或重要单元串联而成。只有所有单元的状态都完好时，该部件的状态才视为完好。

本章中假定已知各单元的贮存寿命分布规律。

4.1　概　　述

贮存期间的备件需求量计算方法与工作期间的需求量计算方法完全不同。两者的显著区别在于：贮存期间各单元是独立贮存的，当某单元发生贮存失效时，不会对其他单元的贮存状态产生影响，其他单元仍然按照自己的贮存规律继续贮存，有可能再发生贮存失效，因此依旧会产生备件需求；在工作期间，一旦某单元（尤其是关重件）出现故障，会导致装备整体停机，其他单元也就不再继续工作，在装备恢复工作之前，其他单元因为停机而不再产生故障，也就不会再产生备件需求[1]。

此外，贮存期间的备件需求量不仅取决于装备本身的贮存可靠性，而且取决于不同的维修场景。下面按照不同的维修场景分别阐述。

本章以"完好产品数量 n 大于 M 的概率不得低于 Ps"作为备件保障要求。对于 N 套贮存产品，在维修结束后，完好产品数量 n 大于 M 的概率记为 $P(n>M)$，本章称其为达标概率。$P(n>M)$ 可用来描述备件方案对维修工作的保障效果。准确评估备件保障效果，是计算备件需求量的基础。备件需求量是指满足 $P(n>M)\geqslant$ Ps 指标要求的最少备件数量。

4.2　随机检修场景

本节所说的单元级检修，特指该类部件只有一种类似串联的固定检修次序。例如，部件由单元 A、B、C 组成，只有在 A 完好的情况下，才能检测 B 的贮存状态；只有在 A、B 完好的情况下，才能检测 C 的贮存状态。当用备件更换故障单元 A 时，无论该部件最后维修成功与否，该备件都视为已消耗，不会再用作他途。

本节所说的部件级随机检修，是指多套同型部件之间平等独立，不存在某部件在某些条件下会被优先检修的情况,而是以随机选定部件检修次序的方式,逐一完成对所有部件的检修工作(可以理解为一次仅对一台部件的所有单元依次进行检修)。

随机检修是一种无优先权的维修场景,实际工作中还有其他设置优先权的维修场景。例如,可先对所有部件进行完好性检查,获知失效情况后,再酌情安排维修工作,以期获得最大数量的完好部件。例如,部件由 A、B、C 三个单元组成。部件 1 中 A 失效,部件 2 中 B 失效,部件 3 中 A 和 B 都失效。假定 A、B、C 三个单元的备件数量为 1、1、0,则优先对部件 1 和部件 2 进行检修的效果最好,能修复两个部件。但在随机检修场景下,只有 1/3 的可能性得到两个完好部件,更有可能发生的是首先或第二个对部件 3 进行检修,则只能修复一个部件。

随机检修场景的主要特征是仅需要知道当前部件的当前失效信息就可以开展维修工作,就如同"头痛医头,脚痛医脚",而不必知道当前部件所有单元的失效信息或所有部件的整体失效信息才能开展维修工作。该场景的优点是能尽快地开展/完成检修任务,缺点是备件的利用效益不是最大。此外,在相同备件需求量的情况下,随机检修场景下的备件保障效果可以认为是所有其他维修场景的下限结果,因此当没有其他维修场景下备件需求量的准确计算方法时,本节介绍的方法能为其他维修场景提供保守的备件需求量估计结果。

4.2.1 单元级

首先,介绍对同一贮存批次同型单元的备件保障效果评估方法。举例说明如下。

假设有 10 个贮存寿命服从指数分布 $\mathrm{Exp}(\mu)$ 的单元,平均贮存寿命 $\mu=10$ 年,在贮存 6 年后,计划对该批次的失效单元进行换件维修,现准备了 4 个备件,按以下思路评估备件保障效果。

约定依次对各个单元进行检修,检修次序号为 1～10,由于在检修过程中,备件越用越少,因此备件对各个单元的保障效果是不同的,检修结束后各单元状态为完好状态的概率也是不同的。对于 1～4 号位置的单元,由于有 4 个备件,因此它们无论贮存失效或完好,在检修结束时,必然能保证这些位置的单元状态为完好,即完好概率 $\mathrm{dyPs}_i=1(1\leqslant i\leqslant 4)$。

对于第 5 单元,在以下两种情况下,其最终状态为完好。

(1) 检修时,发现其贮存状态为完好。

(2) 检修时,发现其贮存状态为失效,并且此时至少还有 1 个备件。

第(1)种情况发生的概率也就是贮存 6 年的可靠度 Pr,其值为 0.5488。

第(2)种情况中,出现失效的概率为 $1-\mathrm{Pr}$。此时至少还有 1 个备件,意味着检修前 4 个单元至多使用 3 个备件,也就是前 4 个单元至多有 3 个单元出现贮存失效。由于前 4 个单元的贮存失效数量服从二项分布 $b(4,1-\mathrm{Pr})$，因此可据此计算出至少还有 1 个备件的概率 Py_5，$\mathrm{Py}_5 = \sum_{j=0}^{3} C_4^j (1-\mathrm{Pr})^j \mathrm{Pr}^{4-j}$。因此，第（2）种情况发生的概率为 $(1-\mathrm{Pr})\mathrm{Py}_5$，则第 5 单元最终为完好的概率 $\mathrm{dyPs}_5 = \mathrm{Pr} + (1-\mathrm{Pr})\mathrm{Py}_5$。

以此类推，可以得到 $1 \sim 10$ 单元检修结束后的完好概率 $\mathrm{dyPs}_i (1 \leqslant i \leqslant 10)$，其计算结果如表 4.2.1 所示。

表 4.2.1　$1 \sim 10$ 单元检修结束后的完好概率

单元序号	1	2	3	4	5	6	7	8	9	10
dyPs	1.000	1.000	1.000	1.000	0.981	0.940	0.884	0.822	0.763	0.711

由以上例子总结单元级的备件保障效果评估方法如下。

（1）对于数量为 N 的同批次、同型单元，备件数量 Ns 不大于单元数量 N，即 $\mathrm{Ns} \leqslant N$。

（2）对于检修次序号为 $1 \sim \mathrm{Ns}$ 的单元，检修结束后这些位置的单元，其状态为完好的概率等于 1，$\mathrm{dyPs}_i = 1 (1 \leqslant i \leqslant \mathrm{Ns})$。

（3）当检修次序号 $i > \mathrm{Ns}$ 时，第 i 号位置的单元检修结束后为完好的概率 dyPs_i 为

$$\mathrm{dyPs}_i = \mathrm{Pr} + (1-\mathrm{Pr})\mathrm{Py}_i = \mathrm{Pr} + (1-\mathrm{Pr}) \sum_{j=0}^{\mathrm{Ns}-1} C_{i-1}^j (1-\mathrm{Pr})^j \mathrm{Pr}^{i-1-j}$$

$$(4.2.1)$$

可采用以下仿真模型来模拟一次检修过程。

（1）按照贮存寿命分布规律，产生 N 个随机数 $\mathrm{simT}_i (1 \leqslant i \leqslant N)$，用于模拟各单元的贮存寿命。

（2）初始化当前检修单元序号 i，令 $i = 1$；初始化当前备件数量 Nnow，令 Nnow＝Ns。

（3）比较 simT_i 和 t，t 是该批次单元从开始贮存到检修时刻的已贮存时间。

若 $\mathrm{simT}_i > t$，则令该单元检修后的状态标志 $\mathrm{flag}_i = 1$。

若 $\mathrm{simT}_i \leqslant t$ 且 Nnow＞0，则开展换件维修，令 $\mathrm{flag}_i = 1$，Nnow＝Nnow－1，否则令 $\mathrm{flag}_i = 0$。

（4）令 $i = i + 1$，若 $i \leqslant N$ 则转（3），否则本次模拟检修结束。

flag_i 为各单元在检修后的状态：1 为完好，0 为失效。大量仿真后，统计 flag_i 的均值为各单元检修结束后的完好概率。图 4.2.1 为检修结束后各单元完好概率的仿真结果和解析结果，两者极为吻合。

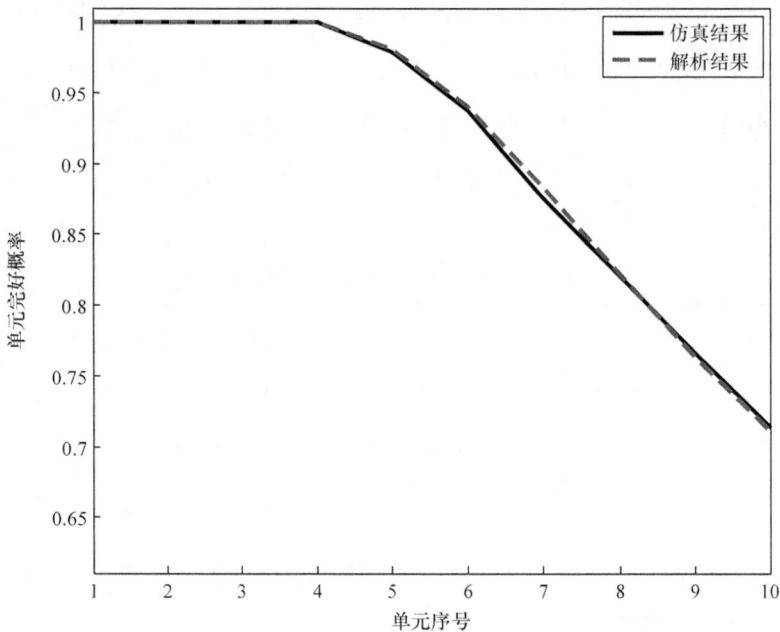

图 4.2.1　检修结束后各单元完好概率的仿真结果和解析结果

4.2.2　部件级

记同批次贮存的部件数量为 N，部件由 k 个单元组成，当所有单元都为完好时，该部件视为完好。

对于检修次序号为 i 的部件，首先采用上述方法计算各单元的完好概率 $dyPs_{ji}(1{\leqslant}j{\leqslant}k)$，则检修结束后该部件完好概率 $bjPs_i$ 为

$$bjPs_i = \prod_{j=1}^{k} dyPs_{ji} \qquad (4.2.2)$$

若以 m_i 代表第 i 个部件的状态，约定该部件完好时 $m_i=1$，失效时 $m_i=0$，则 $bjPs_i$ 是 $m_i=1$ 时的概率，$1-bjPs_i$ 是 $m_i=0$ 时的概率。

令 $n = \sum_{i=1}^{N} m_i$，n 为 N 个部件检修结束后完好部件的数量，可以对 $bjPs_i$ 进行多重卷积，计算 n 分别为 $0 \sim N$ 时的概率 $P(n=i)(0{\leqslant}i{\leqslant}N)$，进而得到完好部件数量 n 大于 M 时的达标概率 $P(n>M)$。

例 4.2.1　某部件由 5 个单元组成，其贮存寿命信息如表 4.2.2 所示，该批次部件共 20 个，在贮存 7 年后对其进行检修，各单元的备件数量分别为 8、1、4、0、1，设检修结束后完好部件数量下限 M 分别为 $5\sim15$，试计算该备件方案的达标概率 $P(n>M)$。

表 4.2.2　各单元的贮存寿命信息

单元序号	寿命分布类型	参数 1	参数 2	寿命均值	寿命根方差
1	指数分布	10	—	10.0	10.0
2	伽马分布	2.5	8	20.0	12.6
3	对数正态分布	2	0.8	10.2	9.6
4	正态分布	12	3.5	12.0	3.5
5	韦布尔分布	20	1.8	17.8	10.2

解　贮存 7 年后,各单元的贮存可靠度分别为 0.497、0.883、0.527、0.923、0.860,按照 4.2.1 节的计算方法,检修结束后各部件及其对应单元的完好概率解析计算结果如表 4.2.3 所示,完好部件概率 $bjPs_i$ 的解析结果和仿真结果如图 4.2.2 所示。

表 4.2.3　各部件及其单元的完好概率

部件序号	完好概率					
	单元 1	单元 2	单元 3	单元 4	单元 5	部件
1	1.000	1.000	1.000	0.923	1.000	0.923
2	1.000	0.986	1.000	0.923	0.980	0.893
3	1.000	0.974	1.000	0.923	0.963	0.867
4	1.000	0.963	1.000	0.923	0.949	0.844
5	1.000	0.954	0.976	0.923	0.936	0.805
6	1.000	0.945	0.926	0.923	0.926	0.749
7	1.000	0.938	0.861	0.923	0.916	0.683
8	1.000	0.932	0.791	0.923	0.908	0.618
9	0.998	0.926	0.727	0.923	0.902	0.559
10	0.990	0.921	0.673	0.923	0.896	0.508
11	0.971	0.916	0.631	0.923	0.891	0.462
12	0.941	0.912	0.599	0.923	0.886	0.421
13	0.899	0.909	0.576	0.923	0.883	0.383
14	0.849	0.906	0.559	0.923	0.879	0.349
15	0.796	0.903	0.548	0.923	0.877	0.319
16	0.743	0.901	0.541	0.923	0.874	0.292
17	0.693	0.898	0.536	0.923	0.872	0.269
18	0.650	0.897	0.532	0.923	0.870	0.249
19	0.613	0.895	0.530	0.923	0.869	0.233
20	0.583	0.893	0.529	0.923	0.868	0.221

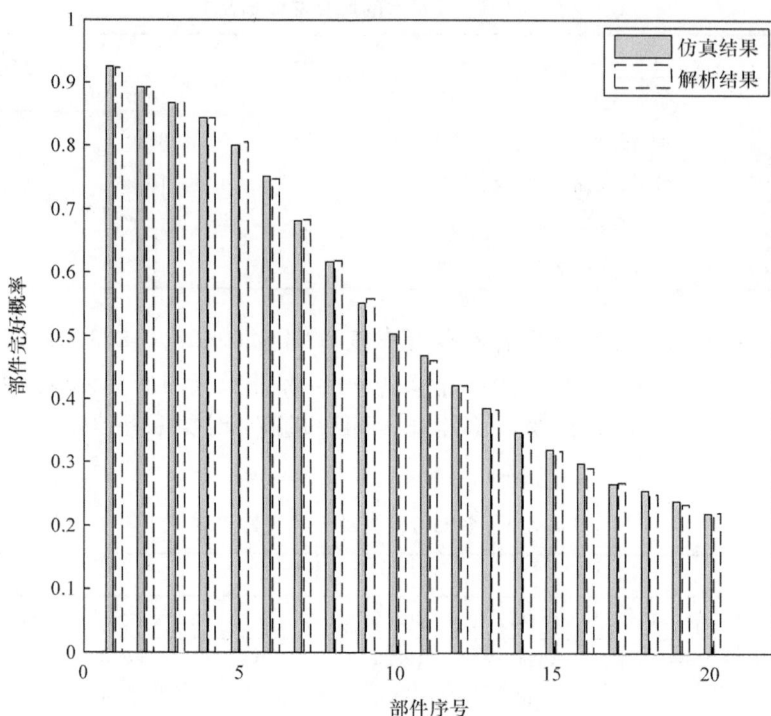

图 4.2.2　各部件的完好概率

根据各部件的完好概率，卷积计算得到完好部件数量 n 分别为 $1 \sim 20$ 的概率 $P(n=i)(0 \leqslant i \leqslant 20)$，如表 4.2.4 所示，部件达标概率 $P(n>M)$ 的结果如表 4.2.5、图 4.2.3 所示。

表 4.2.4　检修结束后完好部件数量的概率

n	1	2	3	4	5
概率	0.000	0.000	0.000	0.001	0.003
n	6	7	8	9	10
概率	0.012	0.036	0.083	0.144	0.192
n	11	12	13	14	15
概率	0.199	0.160	0.100	0.048	0.017
n	16	17	18	19	20
概率	0.005	0.001	0.000	0.000	0.000

表 4.2.5　部件达标概率结果

M	部件达标概率	
	仿真结果	解析结果
5	0.988	0.997
6	0.968	0.985
7	0.917	0.948
8	0.818	0.866
9	0.684	0.722
10	0.519	0.530
11	0.352	0.330
12	0.213	0.170
13	0.109	0.071
14	0.049	0.023
15	0.018	0.006

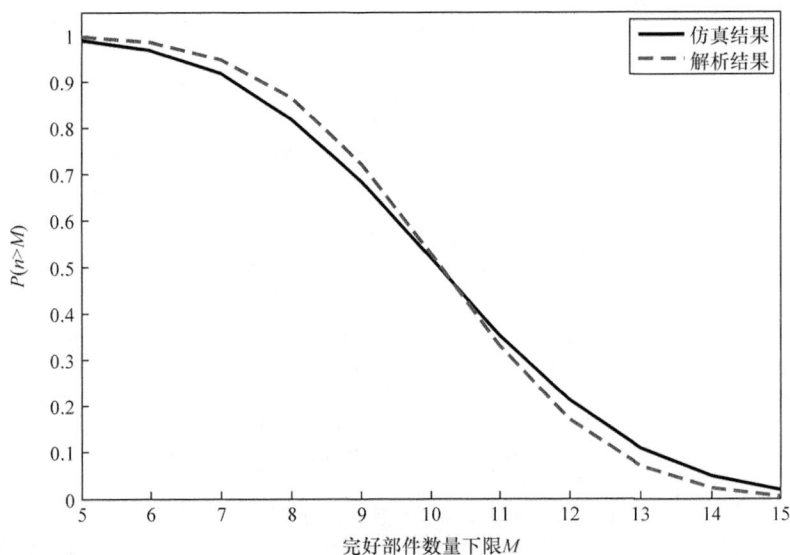

图 4.2.3　检修结束后的达标概率结果

当已知候选方案中各个单元的备件数量时，应用以上方法可以评估方案的备件保障效果，但并没有回答如何优化候选方案这一问题。下面以常见的"在满足达标概率要求条件下，备件采购费用最小"为优化目标，介绍针对贮存装备的维修候选方案优化方法。

由于部件完好概率和各单元完好概率之间为串联关系，因此可采用边际优化思路来寻找效费比高的候选方案,优化流程如图4.2.4所示。在图4.2.4中,如果部件由 k 个单元组成,则在当前候选方案的基础上,可产生 k 个候选方案,这些候选方案之间各不相同,且和当前候选方案的差别只有一处:某类单元的备件数量比当前候选方案的对应备件数量多1个。例如,当前候选方案中各单元的备件数量依次为1、2、3,则候选方案如表4.2.6所示。

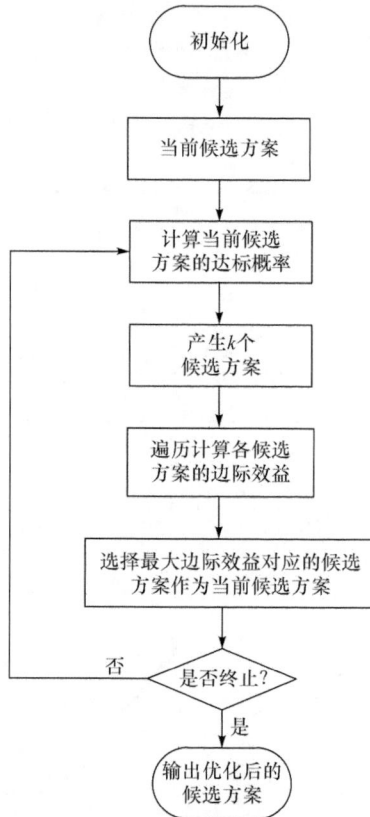

图 4.2.4　候选方案优化流程

表 4.2.6　候选方案示例

候选方案序号	单元 1 备件数量	单元 2 备件数量	单元 3 备件数量
1	2	2	3
2	1	3	3
3	1	2	4

图4.2.4中的候选方案边际效益 tPm_i 的定义: $tPm_i = \dfrac{tPsz_i - Psz}{dyM_i}$ 。 $tPsz_i$ 是第 i

个候选方案的达标概率,Psz 是当前候选方案的达标概率,dyM_i 是第 i 个单元的单价($1 \leqslant i \leqslant k$)。边际效益 tPm_i 反映了每增加一元成本带来的达标概率提升程度。

例 4.2.2　某部件由 5 个单元组成,其相关信息如表 4.2.7 所示,该批次部件数量 $N=20$,已贮存时间 $T=800$ 天,检修结束后完好部件数量记为 n,n 的下限 $M=16$,试利用上述边际优化算法计算最大达标概率 $P(n>M)=0.99$ 的系列候选方案。

表 4.2.7　各单元的相关信息

单元序号	寿命分布类型	参数 1	参数 2	寿命均值	寿命根方差	单价/元
1	指数分布	1000	—	1000.0	1000.0	87
2	伽马分布	2.5	1000	2500.0	1581.1	125
3	对数正态分布	7	0.8	1510.2	1429.9	48
4	正态分布	1000	350	1000.0	350.0	104
5	韦布尔分布	2000	1.8	1778.6	1022.5	69

解　以各单元的备件数量都为 0 作为初始候选方案,采用边际优化算法得到表 4.2.8 所示的系列优化方案。

表 4.2.8　边际优化的系列优化方案

方案序号	备件采购费用/元	$P(n>M)$ 解析结果	$P(n>M)$ 仿真结果	单元 1 备件数量	单元 2 备件数量	单元 3 备件数量	单元 4 备件数量	单元 5 备件数量
1	0	0.000	0.000	0	0	0	0	0
2	48	0.000	0.000	0	0	1	0	0
3	96	0.000	0.000	0	0	2	0	0
4	183	0.000	0.000	1	0	2	0	0
5	231	0.000	0.000	1	0	3	0	0
6	318	0.000	0.000	2	0	3	0	0
7	366	0.000	0.000	2	0	4	0	0
8	453	0.000	0.000	3	0	4	0	0
9	540	0.000	0.000	4	0	4	0	0
10	627	0.000	0.000	5	0	4	0	0
11	675	0.000	0.000	5	0	5	0	0
12	762	0.000	0.001	6	0	5	0	0
13	849	0.000	0.000	7	0	5	0	0
14	918	0.000	0.001	7	0	5	0	1
15	1005	0.000	0.000	8	0	5	0	1

续表

方案序号	备件采购费用/元	$P(n>M)$ 解析结果	$P(n>M)$ 仿真结果	单元1备件数量	单元2备件数量	单元3备件数量	单元4备件数量	单元5备件数量
16	1109	0.000	0.002	8	0	5	1	1
17	1157	0.001	0.000	8	0	6	1	1
18	1226	0.001	0.009	8	0	6	1	2
19	1330	0.003	0.014	8	0	6	2	2
20	1417	0.006	0.019	9	0	6	2	2
21	1521	0.014	0.053	9	0	6	3	2
22	1590	0.024	0.059	9	0	6	3	3
23	1638	0.034	0.091	9	0	7	3	3
24	1742	0.065	0.124	9	0	7	4	3
25	1829	0.108	0.160	10	0	7	4	3
26	1954	0.195	0.272	10	1	7	4	3
27	2058	0.291	0.330	10	1	7	5	3
28	2106	0.343	0.395	10	1	8	5	3
29	2175	0.424	0.467	10	1	8	5	4
30	2262	0.537	0.540	11	1	8	5	4
31	2387	0.680	0.653	11	2	8	5	4
32	2491	0.788	0.731	11	2	8	6	4
33	2578	0.854	0.783	12	2	8	6	4
34	2626	0.885	0.817	12	2	9	6	4
35	2695	0.920	0.849	12	2	9	6	5
36	2799	0.955	0.890	12	2	9	7	5
37	2924	0.981	0.928	12	3	9	7	5
38	3011	0.990	0.939	13	3	9	7	5

　　除边际优化算法外,也可以采用遍历搜索的思路来优化候选方案。例如,在例 4.2.2 中各个备件数量可允许的、足够多的范围内,以遍历方式产生 26880 种候选方案,并计算所有候选方案的达标概率和费用,然后从中选择最优候选方案。图 4.2.5 显示候选方案的边际优化结果和遍历结果。由图 4.2.5 可以看出,边际优化曲线是遍历结果的外包络曲线。这说明:在同等备件采购费用额度的情况下,边际优化方案是达标概率最大的。因此,边际优化后的候选方案是性价比最高的方案。

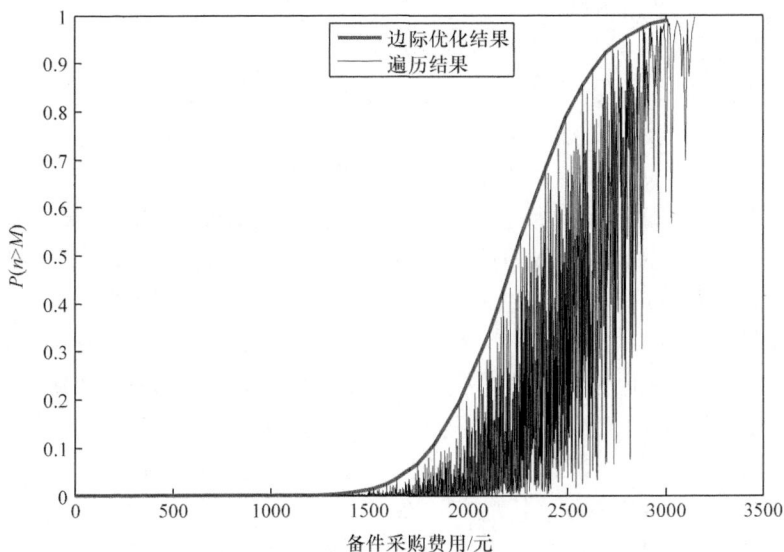

图 4.2.5　候选方案的边际优化结果和遍历结果

4.2.3　两批次贮存

前述内容针对的都是同批次贮存情况下,如何计算备件需求量。在实际工作中,会遇到同时对不同贮存批次的装备进行检修的情况,那么,此时如何计算备件需求量呢?本小节以同时对两个不同贮存批次的装备开展检修为例,介绍备件需求量计算方法。

与同批次贮存情况相比,当检修两批次贮存装备时,会面临优先检修哪个贮存批次装备的问题。检修工作指导思想不同,该问题的答案不同,导致最终的候选方案也会有所不同。

例如,用旧存新是使用贮存装备的一种指导原则。如果以此作为检修工作指导思想,那么会采用旧品先修的原则,把贮存时间更久的旧装备排在检修队列的前部,把贮存时间更短的新装备放在检修队列的后部。

如果检修工作是为了应对紧急战备,为了在更短的时间内完成任务;或者可使用的备件采购费用紧张,需要尽可能地采取低成本候选方案,那么此时,由于贮存时间更短的新装备贮存失效数量可能更少,检修工作量、备件使用数量也随之较少,因此会采用新品先修的原则,把新装备排在检修队列的前部,把旧装备放在检修队列的后部。

在确定新旧装备在检修队列中的前后位置后,如果仍然逐一对贮存装备进行检修,那么针对两批次贮存的备件需求量计算方法,在总体上其实和同批次的方法并无异样。总体思路依旧是：

（1）按照检修序号计算各部件的完好概率。

（2）对各部件的完好概率进行多重卷积计算，得到完好部件数量 n 各种取值的概率 $P(n=i)$，进而得到达标概率 $P(n>M)$。

在步骤（1）中，位于检修队列前部第一批次部件的完好概率计算方法与 4.2.2 节完全相同。计算第二批次部件完好概率的核心公式仍然为 $\mathrm{dyPs}_i = \mathrm{Pr} + (1 - \mathrm{Pr})\mathrm{Py}_i$。式中，$\mathrm{Py}_i$ 的物理意义仍然是"在完成前面单元检修后，至少还剩一个备件的概率"，只是 Py_i 的计算方法不同，它需要用卷积来实现同时考虑第一批次消耗备件情况和第二批次前部消耗备件情况。下面举例来说明 Py_i 的计算方法。

例 4.2.3　某单元的贮存寿命服从指数分布，平均贮存寿命为 10 年。现有两批次该单元，第一批次已贮存 6 年、共 5 个，第二批次已贮存 11 年、共 5 个，计划对它们进行检修，备件数量为 3，试计算检修结束后各单元的完好概率。

解　对于第一批次单元，其贮存可靠度为 0.5488。按照 4.2.1 节的方法，该批次 1～5 单元的完好概率依次为 1.000 、1.000、1.000、0.959、0.890。该批次失效单元数量 Nx 服从二项分布 $b(5, 0.4512)$，Nx 的取值为 0～5，各失效单元数量对应的概率 Px 如表 4.2.9 所示。

表 4.2.9　第一批次失效单元数量及概率

失效单元数量 Nx	0	1	2	3	4	5
概率 Px	0.050	0.205	0.337	0.277	0.114	0.019

对于第二批次单元，其贮存可靠度为 0.333。第 6 单元是第二批次中的首个单元，Py_6 是第一批次 5 个单元检修完成后至少还剩一个备件的概率，因此 $\mathrm{Py}_6 = \sum_{i=0}^{2} \mathrm{Px}_i$，由表 4.2.9 可知，$\mathrm{Py}_6 = 0.591$，由 $\mathrm{dyPs}_i = \mathrm{Pr} + (1 - \mathrm{Pr})\mathrm{Py}_i$ 可得，$\mathrm{dyPs}_6 = 0.727$。

第 6 单元的失效单元数量 Nt 取值为 0 或 1，Nt 服从二项分布 $b(1, 0.667)$，各失效单元数量对应的概率 Pt 如表 4.2.10 所示，这也是第二批次所有单元的失效规律。

表 4.2.10　第 6 单元的失效单元数量及概率

失效单元数量 Nt	0	1
概率 Pt	0.333	0.667

计算 Px 和 Pt 的卷积，结果记为 Pxt，Pxt 为前 6 个单元失效单元数量 Nxt 的概率，结果如表 4.2.11 所示。

表 4.2.11　前 6 个单元失效单元数量及概率

失效单元数量 Nxt	0	1	2	3	4	5	6
概率 Pxt	0.017	0.101	0.249	0.317	0.222	0.082	0.012

在计算第 7 个单元时，首先令 Px = Pxt，则第 7 单元的 $Py_7 = \sum_{i=0}^{2} Px_i$，$dyPs_7 = 0.577$，最后，更新 Pxt 为 Px 和 Pt 的卷积结果。以此类推，检修结束后所有单元的完好概率结果如表 4.2.12 所示，使用本小节的解析方法得到的结果和仿真结果极为吻合。

表 4.2.12　检修结束后所有单元的完好概率结果

单元序号	1	2	3	4	5	6	7	8	9	10
仿真得到的完好概率	1.000	1.000	1.000	0.959	0.886	0.722	0.572	0.462	0.395	0.364
解析得到的完好概率	1.000	1.000	1.000	0.959	0.890	0.727	0.577	0.467	0.400	0.364

若部件由 k 个单元组成，在掌握单元级两批次完好概率 $dyPs_j (1 \leqslant j \leqslant k)$ 计算方法后，可以按照 $bjPs = \prod_{j=1}^{k} dyPs_j$ 计算部件完好概率 $bjPs$；在计算完各部件的完好概率 $bjPs_i$ 后，利用卷积计算检修结束后完好部件数量 n 的概率分布，进而得到达标概率 $P(n > M)$。

例 4.2.4　某部件由 5 个单元组成，其贮存寿命及价格信息如表 4.2.13 所示。现有两批次该部件，一批次已贮存 6 年，共 15 件，另一批次已贮存 11 年，共 15 件。计划对这两批次部件进行检修，各单元的备件数量分别为 12、8、10、13、9，若检修结束后完好部件数量下限 M 都为 15~25，试给出以下结果：

(1) 按照旧品先修的原则，计算该候选方案的达标概率 $P(n > M)$。

(2) 按照新品先修的原则，计算该候选方案的达标概率 $P(n > M)$。

(3) 按照旧品先修的原则，若 $M = 16$，则以边际优化算法计算最大达标概率 $P(n > M) = 0.99$ 的系列候选方案。

(4) 按照新品先修的原则，若 $M = 16$，则以边际优化算法计算最大达标概率 $P(n > M) = 0.99$ 的系列候选方案。

表 4.2.13　各单元的贮存寿命及价格信息

单元序号	寿命分布类型	参数 1	参数 2	寿命均值	寿命根方差	单价/元
1	指数分布	12	—	12.0	12.0	81
2	伽马分布	1.5	9	13.5	11.0	97
3	对数正态分布	2	1.1	13.5	20.8	33
4	正态分布	15	4.7	15.0	4.7	66
5	韦布尔分布	16	1.9	14.2	7.8	49

解 (1) 按照旧品先修的原则,把已贮存 11 年的批次置于检修队列前部,检修序号为 1～15,其各单元的贮存可靠度分别为 0.40、0.49、0.36、0.80、0.61;已贮存 6 年的批次置于检修队列后部,检修序号为 16～30,其各单元的贮存可靠度分别为 0.61、0.72、0.58、0.97、0.86。检修结束后,部件完好概率的解析结果如表 4.2.14 所示,完好概率的解析结果和仿真结果如图 4.2.6(a)所示。

表 4.2.14 采用旧品先修原则时各单元和部件的完好概率

检修序号	完好概率					
	单元 1	单元 2	单元 3	单元 4	单元 5	部件
1	1.00	1.00	1.00	1.00	1.00	1.00
2	1.00	1.00	1.00	1.00	1.00	1.00
3	1.00	1.00	1.00	1.00	1.00	1.00
4	1.00	1.00	1.00	1.00	1.00	1.00
5	1.00	1.00	1.00	1.00	1.00	1.00
6	1.00	1.00	1.00	1.00	1.00	1.00
7	1.00	1.00	1.00	1.00	1.00	1.00
8	1.00	1.00	1.00	1.00	1.00	1.00
9	1.00	1.00	1.00	1.00	1.00	1.00
10	1.00	0.99	1.00	1.00	1.00	0.99
11	1.00	0.97	0.99	1.00	1.00	0.96
12	1.00	0.93	0.97	1.00	1.00	0.90
13	1.00	0.89	0.91	1.00	1.00	0.80
14	0.99	0.83	0.84	1.00	0.99	0.68
15	0.98	0.77	0.75	1.00	0.98	0.55
16	0.96	0.85	0.77	1.00	0.99	0.62
17	0.94	0.83	0.74	1.00	0.99	0.57
18	0.92	0.82	0.71	1.00	0.98	0.52
19	0.90	0.81	0.68	1.00	0.98	0.48
20	0.87	0.80	0.66	1.00	0.98	0.44
21	0.84	0.79	0.64	1.00	0.98	0.41
22	0.81	0.78	0.62	1.00	0.97	0.38
23	0.79	0.77	0.61	1.00	0.97	0.36
24	0.76	0.76	0.60	1.00	0.97	0.34
25	0.74	0.76	0.60	1.00	0.96	0.32
26	0.72	0.75	0.59	1.00	0.96	0.30

检修序号	完好概率					
	单元 1	单元 2	单元 3	单元 4	单元 5	部件
27	0.70	0.75	0.59	1.00	0.96	0.29
28	0.68	0.74	0.58	1.00	0.95	0.28
29	0.67	0.74	0.58	1.00	0.95	0.27
30	0.66	0.74	0.58	1.00	0.95	0.26

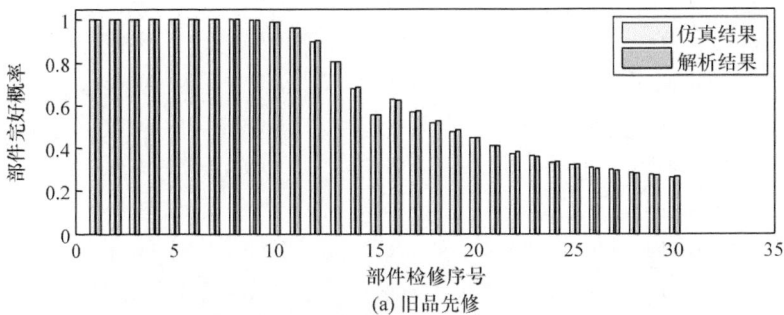

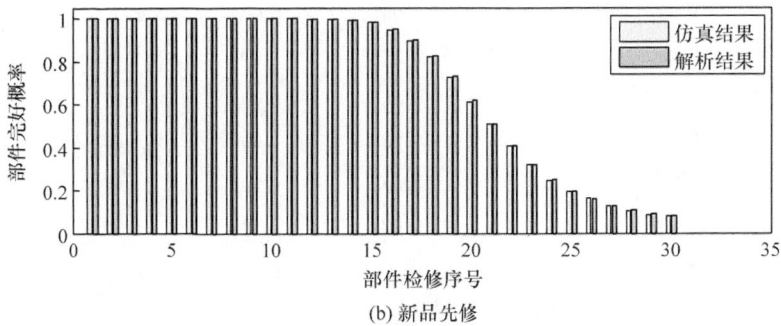

图 4.2.6　部件的完好概率

　　检修结束后完好部件数量下限 M 都为 $15\sim25$，该候选方案的达标概率 $P(n>M)$ 结果如表 4.2.16、图 4.2.7 所示。

　　(2) 按照新品先修的原则，把已贮存 6 年的批次置于检修队列前部，检修序号为 $1\sim15$，其各单元的贮存可靠度分别为 0.61、0.72、0.58、0.97、0.86；已贮存 11 年的批次置于检修队列后部，检修序号为 $16\sim30$，其各单元的贮存可靠度分别为 0.40、0.49、0.36、0.80、0.61。检修结束后，部件完好概率的解析结果如表 4.2.15 所示，完好概率的解析结果和仿真结果如图 4.2.6(b)所示。

表 4.2.15　采用新品先修原则时各单元和部件的完好概率

检修序号	完好概率					
	单元1	单元2	单元3	单元4	单元5	部件
1	1.00	1.00	1.00	1.00	1.00	1.00
2	1.00	1.00	1.00	1.00	1.00	1.00
3	1.00	1.00	1.00	1.00	1.00	1.00
4	1.00	1.00	1.00	1.00	1.00	1.00
5	1.00	1.00	1.00	1.00	1.00	1.00
6	1.00	1.00	1.00	1.00	1.00	1.00
7	1.00	1.00	1.00	1.00	1.00	1.00
8	1.00	1.00	1.00	1.00	1.00	1.00
9	1.00	1.00	1.00	1.00	1.00	1.00
10	1.00	1.00	1.00	1.00	1.00	1.00
11	1.00	1.00	1.00	1.00	1.00	1.00
12	1.00	1.00	1.00	1.00	1.00	1.00
13	1.00	1.00	1.00	1.00	1.00	1.00
14	1.00	1.00	0.99	1.00	1.00	0.99
15	1.00	0.99	0.99	1.00	1.00	0.98
16	1.00	0.98	0.97	1.00	1.00	0.95
17	1.00	0.97	0.93	1.00	1.00	0.90
18	0.99	0.94	0.88	1.00	1.00	0.82
19	0.98	0.91	0.82	1.00	1.00	0.73
20	0.96	0.87	0.75	1.00	1.00	0.62
21	0.93	0.82	0.67	1.00	1.00	0.51
22	0.89	0.77	0.60	1.00	0.99	0.41
23	0.84	0.72	0.54	1.00	0.99	0.32
24	0.78	0.67	0.48	1.00	0.98	0.25
25	0.72	0.63	0.44	1.00	0.97	0.20
26	0.66	0.60	0.42	1.00	0.95	0.16
27	0.61	0.57	0.40	1.00	0.94	0.13
28	0.56	0.55	0.38	1.00	0.92	0.11
29	0.52	0.53	0.37	1.00	0.89	0.09
30	0.49	0.52	0.37	1.00	0.87	0.08

检修结束后完好部件数量下限 M 都为 $15\sim25$，该候选方案的达标概率

$P(n > M)$ 结果如表 4.2.16、图 4.2.7 所示。

表 4.2.16　两种场景的检修效果

M	旧品先修达标概率 $P(n > M)$	新品先修达标概率 $P(n > M)$
15	0.98	1.00
16	0.95	1.00
17	0.87	1.00
18	0.73	0.97
19	0.55	0.88
20	0.35	0.68
21	0.19	0.42
22	0.09	0.20
23	0.03	0.07
24	0.01	0.02
25	0.00	0.00

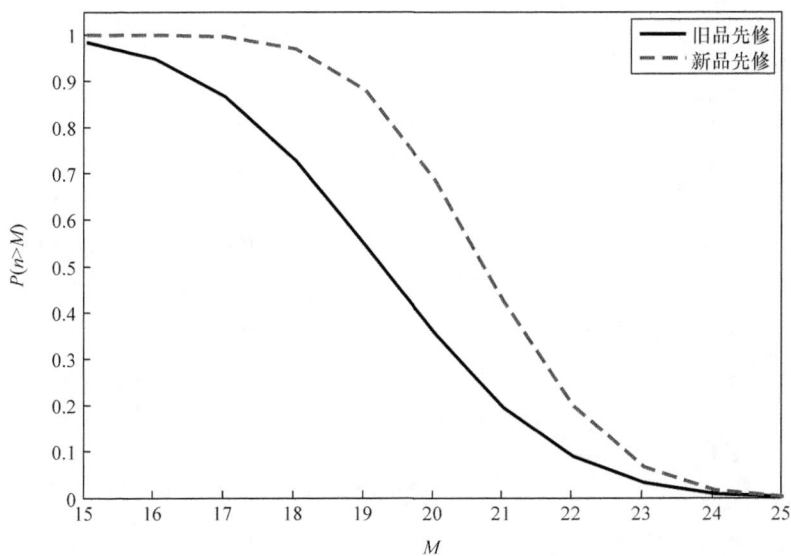

图 4.2.7　两种场景的检修效果

（3）按照旧品先修的原则，若 $M = 16$，以边际优化算法计算最大达标概率 $P(n > M) = 0.99$ 的系列候选方案结果如表 4.2.17 所示。由于采用边际优化算法,表 4.2.17 中相邻方案之间仅一处的备件数量有所不同。表 4.2.17 中的备件费用比例是指备件采购费用与部件单价的比例,相当于该候选方案费用折算成部件的采购数量。

表 4.2.17　采用旧品先修原则时候选方案边际优化结果

方案序号	备件费用比例	$P(n>M)$	单元1备件数量	单元2备件数量	单元3备件数量	单元4备件数量	单元5备件数量
1	0.00	0.00	0	0	0	0	0
2	0.10	0.00	0	0	1	0	0
3	0.20	0.00	0	0	2	0	0
4	0.30	0.00	0	0	3	0	0
5	0.40	0.00	0	0	4	0	0
6	0.51	0.00	0	0	5	0	0
7	0.61	0.00	0	0	6	0	0
8	0.71	0.00	0	0	7	0	0
9	0.81	0.00	0	0	8	0	0
10	0.91	0.00	0	0	9	0	0
11	1.01	0.00	0	0	10	0	0
12	1.11	0.00	0	0	11	0	0
13	1.21	0.00	0	0	12	0	0
14	1.32	0.00	0	0	13	0	0
15	1.42	0.00	0	0	14	0	0
16	1.52	0.00	0	0	15	0	0
17	1.62	0.00	0	0	16	0	0
18	1.77	0.00	0	0	16	0	1
19	2.02	0.00	1	0	16	0	1
20	2.32	0.00	1	1	16	0	1
21	2.56	0.00	2	1	16	0	1
22	2.71	0.00	2	1	16	0	2
23	2.92	0.00	2	1	16	1	2
24	3.21	0.00	2	2	16	1	2
25	3.46	0.00	3	2	16	1	2
26	3.61	0.00	3	2	16	1	3
27	3.86	0.01	4	2	16	1	3
28	4.16	0.01	4	3	16	1	3

方案序号	备件费用比例	$P(n{>}M)$	单元1备件数量	单元2备件数量	单元3备件数量	单元4备件数量	单元5备件数量
29	4.31	0.02	4	3	16	1	4
30	4.56	0.03	5	3	16	1	4
31	4.86	0.05	5	4	16	1	4
32	5.06	0.07	5	4	16	2	4
33	5.21	0.10	5	4	16	2	5
34	5.46	0.14	6	4	16	2	5
35	5.75	0.21	6	5	16	2	5
36	6.00	0.29	7	5	16	2	5
37	6.15	0.34	7	5	16	2	6
38	6.45	0.45	7	6	16	2	6
39	6.70	0.55	8	6	16	2	6
40	6.90	0.63	8	6	16	3	6
41	7.15	0.73	9	6	16	3	6
42	7.30	0.78	9	6	16	3	7
43	7.60	0.87	9	7	16	3	7
44	7.85	0.92	10	7	16	3	7
45	8.10	0.96	11	7	16	3	7
46	8.39	0.98	11	8	16	3	7
47	8.54	0.99	11	8	16	3	8
48	8.75	0.99	11	8	16	4	8

（4）按照新品先修的原则，若 $M=16$，则利用边际优化算法计算最大达标概率 $P(n{>}M)=0.99$ 的系列候选方案，结果如表 4.2.18 所示。

表 4.2.18　采用新品先修原则时候选方案边际优化结果

方案序号	备件费用比例	$P(n{>}M)$	单元1备件数量	单元2备件数量	单元3备件数量	单元4备件数量	单元5备件数量
1	0.00	0.00	0	0	0	0	0
2	0.10	0.00	0	0	1	0	0
3	0.20	0.00	0	0	2	0	0
4	0.30	0.00	0	0	3	0	0
5	0.40	0.00	0	0	4	0	0

方案序号	备件费用比例	$P(n>M)$	单元1备件数量	单元2备件数量	单元3备件数量	单元4备件数量	单元5备件数量
6	0.51	0.00	0	0	5	0	0
7	0.61	0.00	0	0	6	0	0
8	0.71	0.00	0	0	7	0	0
9	0.86	0.00	0	0	7	0	1
10	1.11	0.00	1	0	7	0	1
11	1.21	0.00	1	0	8	0	1
12	1.46	0.00	2	0	8	0	1
13	1.71	0.00	3	0	8	0	1
14	1.86	0.00	3	0	8	0	2
15	2.10	0.00	4	0	8	0	2
16	2.40	0.00	4	1	8	0	2
17	2.65	0.00	5	1	8	0	2
18	2.95	0.00	5	2	8	0	2
19	3.05	0.01	5	2	9	0	2
20	3.35	0.01	5	3	9	0	2
21	3.50	0.02	5	3	9	0	3
22	3.75	0.04	6	3	9	0	3
23	4.04	0.08	6	4	9	0	3
24	4.14	0.10	6	4	10	0	3
25	4.39	0.16	7	4	10	0	3
26	4.60	0.24	7	4	10	1	3
27	4.75	0.30	7	4	10	1	4
28	5.04	0.45	7	5	10	1	4
29	5.29	0.58	8	5	10	1	4
30	5.39	0.64	8	5	11	1	4
31	5.69	0.77	8	6	11	1	4
32	5.84	0.83	8	6	11	1	5
33	6.09	0.90	9	6	11	1	5
34	6.19	0.92	9	6	12	1	5
35	6.39	0.95	9	6	12	2	5
36	6.69	0.98	9	7	12	2	5
37	6.94	0.99	10	7	12	2	5

图 4.2.8 对比显示旧品先修和新品先修两种场景下，候选方案的边际优化结果。从图 4.2.8 可以看出：在同等备件费用额度的情况下，当两批次贮存时间差别较大时，采取新品先修的确有更好的保障效果。

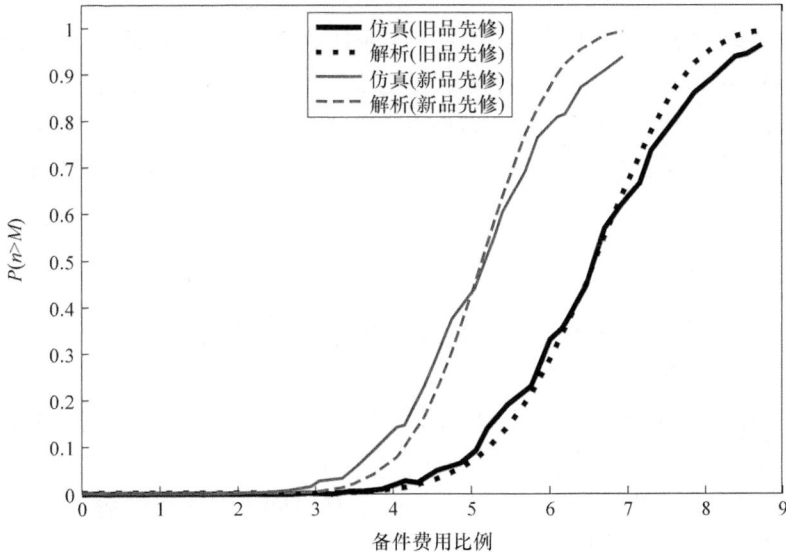

图 4.2.8　两种场景下候选方案的边际优化结果

4.3　串件拼修场景

本节所说的串件拼修，是指在首先完成对所有部件的检查后，利用所有完好的单元和备件，尽可能拼装出完好数量最大的部件。例如，部件由 A、B、C 三个单元组成。部件 1 中 A、C 故障，部件 2 中 B 故障，部件 3 中 A 和 B 都故障，当前 A、B、C 三个单元的备件数量为 1、1、0 时，三个完好单元（含备件）的数量分别为 2、2、2，若进行串件拼修，则可以得到 2 个完好部件。

串件拼修是一种物尽其用的场景[2]，能最大限度地利用完好单元和备件，因此相比其他类型检修，其是一种效益最高的维修场景，尤其适合模块化程度高的设备使用。在备件需求量相同的情况下，串件拼修下的备件保障效果可以认为是所有类型检修效果的上限。因此，当没有其他维修场景备件需求量的准确计算方法时，本节介绍的方法能为其他维修场景提供"乐观"的备件需求量估计结果。

当进行串件拼修时，完好部件数量 n 大于 M，意味着各单元的完好数量 n_i 也要同时大于 M，因此完好部件数量 n 大于 M 时的达标概率 $P(n>M)$ 和各单元的达标概率 $P(n_i>M)$ 之间满足

$$P(n > M) = \prod_{i=1}^{k} P(n_i > M) \tag{4.3.1}$$

4.3.1　同批次贮存

当待检修的部件属于同批次贮存时,记同批次贮存的部件数量为 N,部件由 k 个单元组成,记第 i 个单元的贮存可靠度为 Pr_i,该单元的备件数量记为 Ns_i,则单元贮存完好数量服从二项分布 $b(N, \mathrm{Pr}_i)$。由于假定备件是完好的,因此在该批次部件中,只要完好单元数量大于 $M - \mathrm{Ns}_i$ 即可达到保障要求,第 i 个单元的达标概率 $P(n_i > M)$ 为

$$P(n_i > M) = 1 - \sum_{j=0}^{M - \mathrm{Ns}_i} \mathrm{C}_N^j \mathrm{Pr}_i^j (1 - \mathrm{Pr}_i)^{N-j} \tag{4.3.2}$$

可建立以下仿真模型来模拟同批次贮存时的串件拼修保障效果。

(1) 初始化,令 $i = 1$。

(2) 产生 N 个随机数 $\mathrm{simT}_i (1 \leqslant i \leqslant N)$,$\mathrm{simT}_i$ 服从第 i 个单元的贮存寿命分布规律。

(3) 在 $\mathrm{simT}_i (1 \leqslant i \leqslant N)$ 中统计大于已贮存时间 t 的随机数数量,记为 Nt,则该完好单元的数量 n_i 等于 $\mathrm{Nt} + \mathrm{Ns}_i$。

(4) 令 $i = i + 1$,若 $i \leqslant k$,则转 (2),否则转 (5)。

(5) 在 $n_i (1 \leqslant i \leqslant k)$ 中找到最小值,该最小值为检修结束时完好部件数量的模拟结果。

多次仿真后,可以统计该候选方案的保障效果 $P(n > M)$。

例 4.3.1　某部件由 5 个单元组成,其贮存寿命信息如表 4.3.1 所示,该批次部件数量 $N = 20$,在贮存 12 年后对其进行检修,各单元的备件数量 Ns_i 分别为 9、6、7、3、3,若检修结束后完好部件数量下限 M 都为 5~15,试计算串件拼修场景下,该候选方案的达标概率 $P(n > M)$。

表 4.3.1　单元的贮存寿命信息

单元序号	寿命分布类型	参数 1	参数 2	寿命均值	寿命根方差
1	指数分布	15	——	15.0	15.0
2	伽马分布	2.2	8	17.6	11.9
3	对数正态分布	2.3	0.9	15.0	16.7
4	正态分布	14	4.3	14.0	4.3
5	韦布尔分布	22	1.8	19.6	11.2

解　当进行串件拼修时,各单元的贮存可靠度 Pr_i 分别为 0.449、0.618、0.419、0.679、0.715,各单元贮存完好数量分别服从二项分布 $b(20, 0.449)$、$b(20,$

$0.618)$、$b(20,0.419)$、$b(20,0.679)$、$b(20,0.715)$，以 $1-\sum_{j=0}^{M-Ns_i} C_N^j Pr_i^j (1-Pr_i)^{N-j}$ 计算各单元的达标概率 $P(n_i > M)$，结果如表 4.3.2 所示；以 $\prod_{i=1}^{k} P(n_i > M)$ 计算部件达标概率 $P(n > M)$，仿真结果和解析结果如表 4.3.3 所示。两者的结果高度吻合。

表 4.3.2 各单元的达标概率

M	达标概率				
	单元 1	单元 2	单元 3	单元 4	单元 5
5	1.00	1.00	1.00	1.00	1.00
6	1.00	1.00	1.00	1.00	1.00
7	1.00	1.00	1.00	1.00	1.00
8	1.00	1.00	1.00	1.00	1.00
9	1.00	1.00	1.00	1.00	1.00
10	1.00	1.00	0.99	1.00	1.00
11	1.00	1.00	0.96	0.99	1.00
12	0.99	1.00	0.91	0.97	0.99
13	0.98	0.99	0.80	0.93	0.97
14	0.94	0.96	0.65	0.84	0.91
15	0.87	0.91	0.47	0.70	0.82

表 4.3.3 部件达标概率的仿真结果和解析结果

M	达标概率	
	仿真结果	解析结果
5	1.00	1.00
6	1.00	1.00
7	1.00	1.00
8	1.00	1.00
9	1.00	1.00
10	0.99	0.99
11	0.95	0.95
12	0.86	0.86
13	0.69	0.69
14	0.46	0.45
15	0.22	0.21

图 4.3.1 显示算例 4.3.1 中采用相同候选方案时,随机检修和串件拼修两种场景下各自的备件保障效果。由图 4.3.1 可以看出:当进行串件拼修时,候选方案的保障效果更好。

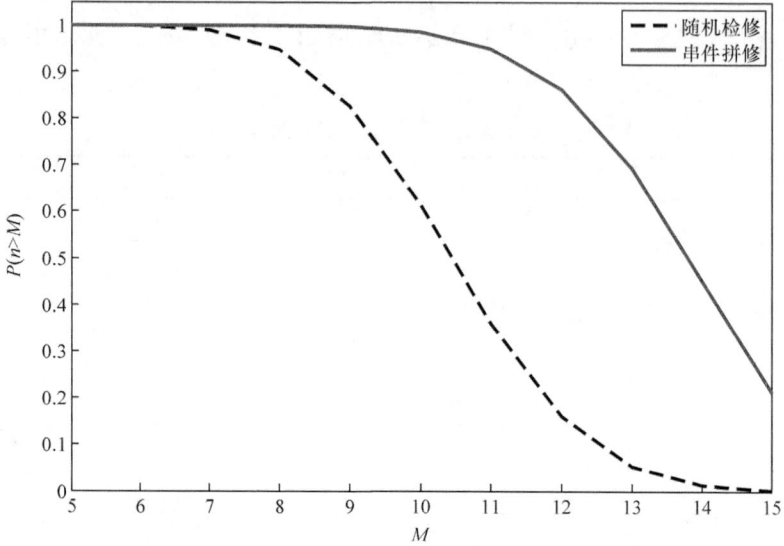

图 4.3.1　随机检修和串件拼修两种场景下同一候选方案的保障效果

当进行串件拼修时,由于部件和各单元的达标概率之间为连乘关系,因此可以采用边际优化算法来计算效费比高的候选方案,优化流程与图 4.2.4 类似,这里不再赘述,仅以算例 4.3.2 简要展示该算法。

例 4.3.2　某部件由 5 个单元组成,其相关信息如表 4.3.4 所示,该批次部件数量 $N=20$,已贮存时间 $t=900$ 天,检修结束后完好部件数量记为 n,n 的下限$M=15$,试以上述边际优化算法计算最大达标概率 $P(n>M)=0.99$ 的系列候选方案。

表 4.3.4　单元的相关信息

单元序号	寿命分布类型	参数 1	参数 2	寿命均值	寿命根方差	单价
1	指数分布	1500	——	1500.0	1500.0	57
2	伽马分布	2.4	900	2160.0	1394.3	85
3	对数正态分布	7.1	0.9	1817.1	2029.9	36
4	正态分布	1100	370	1100.0	370.0	97
5	韦布尔分布	2000	2.1	1771.4	886.2	82

解　在串件拼修场景下,以各单元的备件数量都为 0 作为初始候选方案,利用边际优化算法得到如表 4.3.5 所示的系列优化方案。表 4.3.5 中的备件费用比例

是备件采购费用与部件单价的比值。

表 4.3.5　串件拼修场景下候选方案边际优化结果

方案序号	备件费用比例	$P(n>M)$	单元 1 备件数量	单元 2 备件数量	单元 3 备件数量	单元 4 备件数量	单元 5 备件数量
1	0.00	0.003	0	0	0	0	0
2	0.16	0.008	1	0	0	0	0
3	0.26	0.015	1	0	1	0	0
4	0.42	0.032	2	0	1	0	0
5	0.52	0.050	2	0	2	0	0
6	0.68	0.087	3	0	2	0	0
7	0.78	0.116	3	0	3	0	0
8	0.94	0.172	4	0	3	0	0
9	1.04	0.206	4	0	4	0	0
10	1.20	0.270	5	0	4	0	0
11	1.47	0.353	5	0	4	1	0
12	1.63	0.417	6	0	4	1	0
13	1.73	0.461	6	0	5	1	0
14	1.89	0.506	7	0	5	1	0
15	2.17	0.585	7	0	5	2	0
16	2.27	0.614	7	0	6	2	0
17	2.50	0.673	7	1	6	2	0
18	2.73	0.734	7	1	6	2	1
19	2.89	0.769	8	1	6	2	1
20	3.17	0.824	8	1	6	3	1
21	3.27	0.841	8	1	7	3	1
22	3.50	0.870	8	2	7	3	1
23	3.73	0.898	8	2	7	3	2
24	3.89	0.916	9	2	7	3	2
25	4.17	0.942	9	2	7	4	2
26	4.27	0.949	9	2	8	4	2
27	4.50	0.959	9	3	8	4	2
28	4.73	0.969	9	3	8	4	3
29	4.89	0.975	10	3	8	4	3
30	5.17	0.985	10	3	8	5	3
31	5.27	0.987	10	3	9	5	3
32	5.43	0.989	11	3	9	5	3
33	5.66	0.991	11	4	9	5	3

在随机检修场景下,以各单元的备件数量都为 0 作为初始候选方案,采用边际优化算法,得到如表 4.3.6 所示的系列优化方案。

表 4.3.6　随机检修场景下候选方案边际优化结果

方案序号	备件费用比例	$P(n>M)$	单元1 备件数量	单元2 备件数量	单元3 备件数量	单元4 备件数量	单元5 备件数量
1	0.00	0.000	0	0	0	0	0
2	0.10	0.000	0	0	1	0	0
3	0.20	0.000	0	0	2	0	0
4	0.30	0.000	0	0	3	0	0
5	0.46	0.000	1	0	3	0	0
6	0.56	0.000	1	0	4	0	0
7	0.72	0.000	2	0	4	0	0
8	0.88	0.000	3	0	4	0	0
9	1.04	0.000	4	0	4	0	0
10	1.14	0.001	4	0	5	0	0
11	1.30	0.001	5	0	5	0	0
12	1.46	0.003	6	0	5	0	0
13	1.56	0.004	6	0	6	0	0
14	1.72	0.008	7	0	6	0	0
15	1.99	0.017	7	0	6	1	0
16	2.22	0.034	7	0	6	1	1
17	2.46	0.065	7	1	6	1	1
18	2.73	0.120	7	1	6	2	1
19	2.83	0.150	7	1	7	2	1
20	2.99	0.203	8	1	7	2	1
21	3.22	0.298	8	1	7	2	2
22	3.46	0.425	8	2	7	2	2
23	3.73	0.586	8	2	7	3	2
24	3.89	0.657	9	2	7	3	2
25	3.99	0.702	9	2	7	3	2
26	4.27	0.810	9	2	8	4	2
27	4.50	0.887	9	2	8	4	3
28	4.73	0.946	9	3	8	4	3
29	4.89	0.963	10	3	8	4	3
30	4.99	0.971	10	3	9	4	3
31	5.27	0.988	10	3	9	5	3
32	5.50	0.995	10	3	9	5	4

　　图 4.3.2 对比显示串件拼修和随机检修场景下,采用边际优化算法得到各自优化方案的效果(达标概率)和费用情况,图中的曲线是可用于辅助制订候选方案的效费曲线。由图 4.3.2 可以明显看出:除非达标概率要求高达 0.9 以上,否则串件拼修场景下的备件采购费用要显著低于随机检修场景。

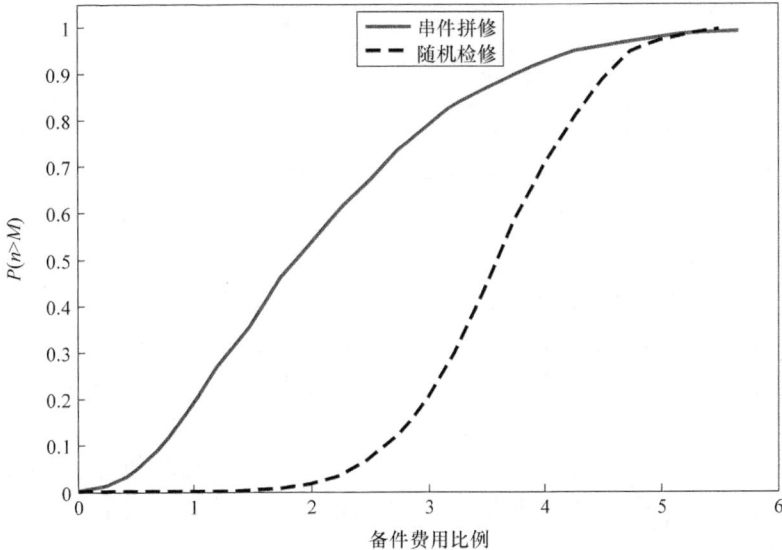

图 4.3.2　两种场景的边际优化候选方案优化结果

4.3.2　多批次贮存

　　在串件拼修场景下,也会碰到对多批次贮存装备进行检修的情况。对于串件拼修,维修次序不会影响最终的维修效果。下面以两批次为例,介绍候选方案的保障效果评估方法。该方法涉及卷积计算。

　　例 4.3.3　某单元的贮存寿命服从指数分布,平均贮存寿命为 15 年。现有两批次该单元需要检修,第一一批次已贮存 8 年,共 5 个;第二批次已贮存 12 年,共 4 个。修理结束后,可接受的完好单元数量 n 的下限 $M=7$,试计算准备 3 个备件时的达标概率 $P(n>M)$,并仿真验证。

　　解　对于第一批次的单元,贮存可靠度 $Pr_1=0.5866$,该批次完好单元数量 dn_1 服从二项分布 $b(N_1, Pr_1)$, $N_1=5$, dn_1 的取值为 0～5,对应的概率为 $P(dn_1=i)=C_{N_1}^i Pr_1^i (1-Pr_1)^{N_1-i}(0 \leqslant i \leqslant 5)$,如表 4.3.7 所示。

　　对于第二批次的单元,贮存可靠度 $Pr_2=0.4493$,该批次完好单元数量 dn_2 服从二项分布 $b(N_2, Pr_2)$, $N_2=4$, dn_2 的取值为 0～4,对应的概率为 $P(dn_2=i)=C_{N_2}^i Pr_2^i (1-Pr_2)^{N_2-i}(0 \leqslant i \leqslant 4)$,如表 4.3.7 所示。

　　检修结束后,完好单元数量 $n=dn_1+dn_2$, n 的取值为 0～9,通过计算 $P(dn_1=$

i)和 $P(\mathrm{dn}_2 = i)$的卷积可得到 n 取某值时对应的概率,如表 4.3.7 所示。

表 4.3.7　完好单元数量对应的概率

概率计算前提	对应概率									
	0	1	2	3	4	5	6	7	8	9
已贮存 8 年	0.0121	0.0856	0.2431	0.3450	0.2448	0.0695				
已贮存 12 年	0.0920	0.3001	0.3673	0.1998	0.0408					
检修结束后	0.0011	0.0115	0.0525	0.1385	0.2329	0.2586	0.1896	0.0885	0.0239	0.0028

由于备件数量为 3 且 $M=7$,因此只要贮存完好的单元数量大于 4 即可满足要求。由表 4.3.7 可知,贮存完好的单元数量大于 4 的概率为 0.5643,因此 $P(n>M)=0.5643$。

建立以下仿真模型来模拟对两批次贮存单元的检修过程。

(1) 产生 5 个随机数 $\mathrm{simT}_i(1\leqslant i\leqslant 5)$,$\mathrm{simT}_i$ 服从寿命均值为 15 年的指数分布,在其中找到 $\mathrm{simT}_i>8$ 的随机数,记其数量为 dn_1,dn_1 模拟了贮存 8 年后完好单元的数量。

(2) 产生 4 个随机数 $\mathrm{simT}_i(1\leqslant i\leqslant 4)$,$\mathrm{simT}_i$ 服从寿命均值为 15 年的指数分布,在其中找到 $\mathrm{simT}_i>12$ 的随机数,记其数量为 dn_2,dn_2 模拟了贮存 12 年后完好单元的数量。

(3) 选择 9 和 $\mathrm{dn}_1+\mathrm{dn}_2+\mathrm{Ns}$ 中较小的数,作为检修结束后完好单元数量 n。

对大量模拟的 n 进行统计,即可得到 $P(n>M)$ 的仿真结果。图 4.3.3 显示 M 取 3~8 时,$P(n>M)$ 的仿真结果和解析结果。由图 4.3.3 可知,两者高度吻合。

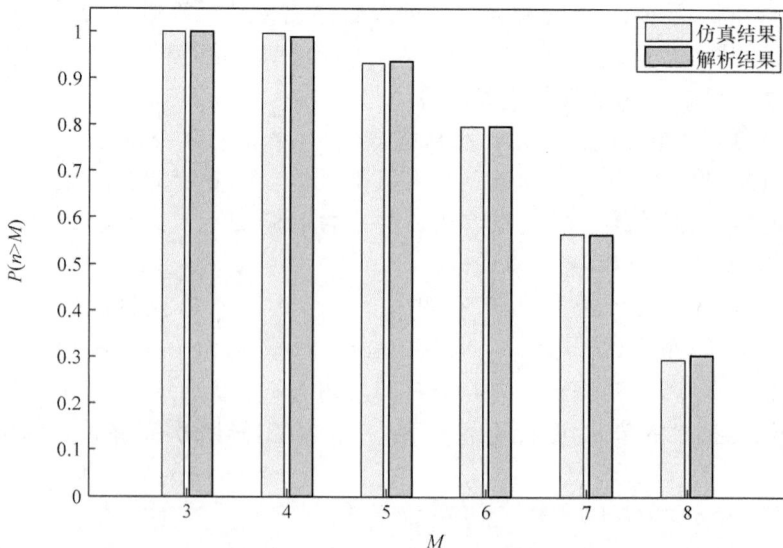

图 4.3.3　两批次贮存时 $P(n>M)$ 的仿真结果和解析结果

当检修的单元为多批次贮存时,同理可利用多重卷积计算 $P(n>M)$ 。

对于部件级备件方案,首先,得到单元级多批次贮存时的达标概率后,将其连乘即可得到部件级的达标概率;然后,采用边际优化算法来计算效费比高的系列候选方案,供制订候选方案的管理人员决策时使用。

例 4.3.4　某部件由 5 个单元组成,其贮存寿命及价格信息如表 4.3.8 所示。现有两批次该部件,第一批次已贮存 7 年,共 10 个,第二批次已贮存 12 年,共 15 个。计划对这两批次部件进行检修,各单元的备件数量分别为 8、7、6、5、4,若检修结束后完好部件数量下限 M 为 10~22,试给出以下结果:

(1) 计算该候选方案的达标概率 $P(n>M)$ 。

(2) 若 $M=16$,则以边际优化算法计算最大达标概率 $P(n>M)$ 为 0.99 的系列候选方案。

表 4.3.8　单元的贮存寿命及价格信息

单元序号	寿命分布类型	参数 1	参数 2	寿命均值	寿命根方差	单价/元
1	指数分布	12	—	12.0	12.0	81
2	伽马分布	1.5	9	13.5	11.0	97
3	对数正态分布	2	1.1	13.5	20.8	33
4	正态分布	15	4.7	15.0	4.7	66
5	韦布尔分布	16	1.9	14.2	7.8	49

解　(1) 对于第一批次的单元,各单元的贮存可靠度分别为 $\mathrm{Pr}_i=0.5836$ 、0.7055、0.5913、0.9283、0.8502,该批次各完好单元数量服从二项分布 $b(10,\mathrm{Pr}_i)$;对于第二批次的单元,贮存可靠度 $\mathrm{Prt}_i=0.3973$ 、0.4936、0.3978、0.5963、0.5880,该批次各完好单元数量服从二项分布 $b(15,\mathrm{Prt}_i)$ 。两贮存批次各单元和部件的达标概率如表 4.3.9 所示。

表 4.3.9　两批次贮存时各单元和部件的达标概率

M	达标概率					
	单元 1	单元 2	单元 3	单元 4	单元 5	部件
10	1.000	1.000	0.999	1.000	1.000	0.999
11	1.000	1.000	0.996	1.000	1.000	0.996
12	0.999	1.000	0.987	1.000	1.000	0.986
13	0.996	1.000	0.965	1.000	1.000	0.960
14	0.986	0.998	0.917	1.000	0.999	0.901
15	0.962	0.993	0.834	1.000	0.995	0.792
16	0.912	0.980	0.712	0.999	0.983	0.625
17	0.825	0.949	0.560	0.996	0.955	0.417

续表

M	达标概率					
	单元1	单元2	单元3	单元4	单元5	部件
18	0.700	0.890	0.399	0.987	0.897	0.220
19	0.546	0.792	0.254	0.962	0.797	0.084
20	0.386	0.657	0.143	0.905	0.652	0.021
21	0.243	0.497	0.070	0.801	0.478	0.003
22	0.135	0.336	0.029	0.645	0.304	0.000

图 4.3.4 显示 M 取 $10\sim22$ 时，部件级达标概率 $P(n>M)$ 的仿真结果和解析结果，由该图可以看出，两者高度吻合。

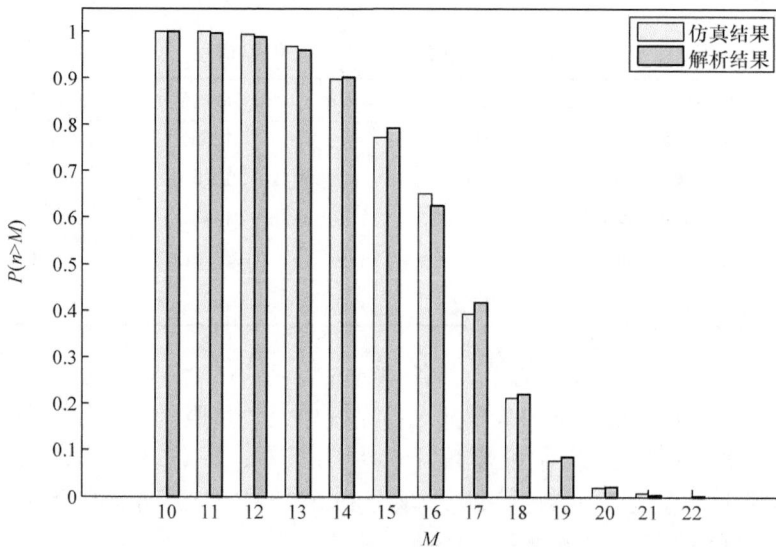

图 4.3.4　两批次贮存时部件级达标概率 $P(n>M)$ 的仿真结果和解析结果

(2) 若 $M=16$，则利用边际优化算法计算最大达标概率为 0.99 的系列候选方案，结果如表 4.3.10 所示。由于采用边际优化算法，表 4.3.10 中相邻方案之间仅一处的备件数量有所不同。表 4.3.10 中的备件费用比例是指备件采购费用与部件单价的比值，相当于该候选方案费用折算成部件的采购数量。

表 4.3.10　两批次的候选方案边际优化结果

方案序号	备件费用比例	$P(n>M)$	单元1 备件数量	单元2 备件数量	单元3 备件数量	单元4 备件数量	单元5 备件数量
1	0.00	0.000	0	0	0	0	0
2	0.10	0.000	0	0	1	0	0

方案序号	备件费用比例	$P(n>M)$	单元 1 备件数量	单元 2 备件数量	单元 3 备件数量	单元 4 备件数量	单元 5 备件数量
3	0.19	0.000	0	0	2	0	0
4	0.29	0.000	0	0	3	0	0
5	0.39	0.000	0	0	4	0	0
6	0.64	0.000	1	0	4	0	0
7	0.72	0.000	1	0	4	0	1
8	0.82	0.000	1	0	5	0	1
9	1.08	0.000	2	0	5	0	1
10	1.17	0.000	2	0	6	0	1
11	1.25	0.000	2	0	6	0	2
12	1.51	0.000	3	0	6	0	2
13	1.61	0.000	3	0	7	0	2
14	1.93	0.000	3	1	7	0	2
15	2.19	0.000	4	1	7	0	2
16	2.27	0.000	4	1	7	0	3
17	2.36	0.000	4	1	8	0	3
18	2.68	$P(n>M)$	4	2	8	0	3
19	2.94	0.000	5	2	8	0	3
20	3.02	0.000	5	2	8	0	4
21	3.27	0.000	5	2	8	1	4
22	3.36	0.000	5	2	9	1	4
23	3.62	0.001	6	2	9	1	4
24	3.94	0.001	6	3	9	1	4
25	4.20	0.002	7	3	9	1	4
26	4.52	0.005	7	4	9	1	4
27	4.62	0.006	7	4	10	1	4
28	4.70	0.008	7	4	10	1	5
29	4.94	0.013	7	4	10	2	5
30	5.20	0.020	8	4	10	2	5
31	5.52	0.034	8	5	10	2	5
32	5.62	0.039	8	5	11	2	5
33	5.86	0.056	8	5	11	3	5

方案序号	备件费用比例	$P(n>M)$	单元1备件数量	单元2备件数量	单元3备件数量	单元4备件数量	单元5备件数量
34	6.12	0.079	9	5	11	3	5
35	6.20	0.089	9	5	11	3	6
36	6.52	0.131	9	6	11	3	6
37	6.78	0.168	10	6	11	3	6
38	6.87	0.185	10	6	12	3	6
39	7.20	0.244	10	7	12	3	6
40	7.44	0.303	10	7	12	4	6
41	7.52	0.323	10	7	12	4	7
42	7.78	0.380	11	7	12	4	7
43	8.10	0.459	11	8	12	4	7
44	8.20	0.482	11	8	13	4	7
45	8.44	0.545	11	8	13	5	7
46	8.70	0.602	12	8	13	5	7
47	9.02	0.676	12	9	13	5	7
48	9.10	0.696	12	9	13	5	8
49	9.34	0.740	12	9	13	6	8
50	9.44	0.757	12	9	14	6	8
51	9.70	0.799	13	9	14	6	8
52	10.02	0.852	13	10	14	6	8
53	10.10	0.862	13	10	14	6	9
54	10.34	0.885	13	10	14	7	9
55	10.67	0.913	13	11	14	7	9
56	10.92	0.936	14	11	14	7	9
57	11.02	0.945	14	11	15	7	9
58	11.10	0.949	14	11	15	7	10
59	11.42	0.962	14	12	15	7	10
60	11.67	0.971	14	12	15	8	10
61	11.92	0.980	15	12	15	8	10
62	12.02	0.983	15	12	16	8	10
63	12.34	0.988	15	13	16	8	10
64	12.42	0.989	15	13	16	8	11
65	12.68	0.992	16	13	16	8	11

图 4.3.5 显示 $M=20$ 时,边际优化得到的系列候选方案的费用及 $P(n>M)$ 的仿真结果和解析结果。该效费曲线可作为确定最终候选方案的辅助决策。

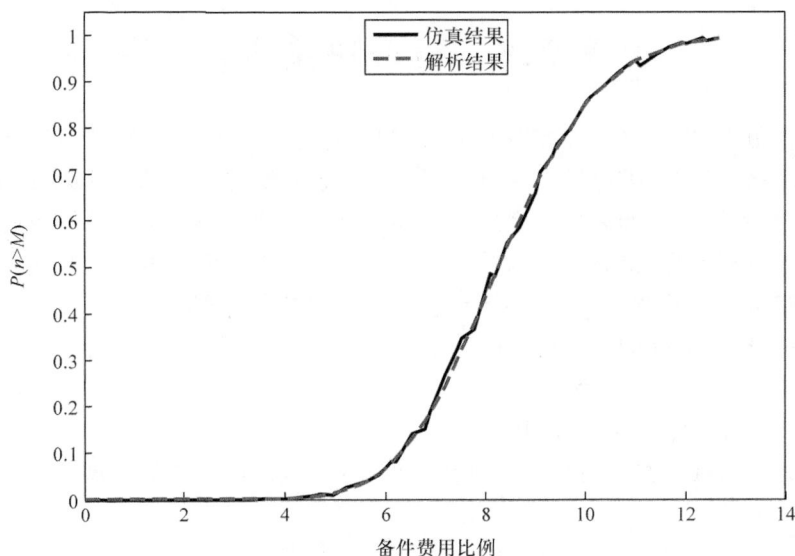

图 4.3.5　两批次贮存时候选方案的边际优化结果

4.4　小　　结

备件不仅仅是开展维修工作的物质资源,由于它与故障是相关联的,因此备件也透露了维修工作本身各个方面的信息。例如,不同类型的备件对应着不同类型的故障,较大的备件数量意味着较大的维修工作量。因此,虽然本章的主体内容是针对贮存装备如何计算备件需求量,但通过分析备件需求量计算结果,可以进一步估计维修工作的大体范围、重点维修部位及维修工作量等情况,这也是制定维修计划的初衷。

参 考 文 献

[1] 李华,邵松世,阮旻智,等. 备件保障的工程实践[M]. 北京:科学出版社,2016.
[2] 李华,李庆民. 面向任务的多级备件方案评估技术[M]. 北京:兵器工业出版社,2015.

第 5 章　延寿决策方法

　　水雷、鱼雷、导弹等雷弹装备属于"长期贮存、一次使用"的装备。当这些装备经历一段较长时间的贮存后,其贮存可靠性能会下降,贮存失效的风险逐渐加大,为了保证在后续贮存期装备的完好性程度不低于战备要求,需要对雷弹装备开展延寿工作,以期恢复、提高装备的贮存可靠性。延寿工作面对的不仅是装备失效问题,还有装备老化问题,本章主要针对装备老化问题进行探讨。

　　延寿工作中面临的基本决策问题如下:

　　(1) 何时开展延寿工作?

　　(2) 对装备内的哪些部件开展延寿?

　　本章以装备的部件为例,从辅助决策的角度,围绕这两个问题展开论述。

5.1　延寿时机

　　何时开展延寿工作? 该问题的回答取决于事先对延寿门限的设定,当判断达到门限时,即可开展延寿工作。如果抛开具体类型、型号的雷弹装备,那么可以从更通用的角度,基于贮存可靠性设定针对单个装备、批量装备的两种门限。

5.1.1　单个装备

　　针对单个装备,可以从贮存可靠性的角度设定延寿门限。

　　可靠贮存寿命是一种描述贮存寿命的常见指标,它是指产品在规定的贮存剖面内,从开始贮存到满足规定可靠度要求的贮存时间长度[1]。该指标可以用于决定延寿时机。

　　按照前述章节介绍的方法,掌握部件内各类关键单元的贮存寿命分布规律是有可能的。由于这些单元是关重件,因此它们之间的可靠性关系为串联关系,该部件的贮存可靠为各单元贮存可靠度的乘积。通过事先设定一个贮存可靠度下限,即可在理论上计算出对应的贮存期限。

　　贮存寿命 X 描述的是从开始贮存直至失效的时间长度,可用贮存可靠度 $p_1(t_1)=P(X>t_1)$ 来描述贮存寿命的分布情况。

　　剩余贮存寿命 X_2 是指产品已贮存 t_1 时间且状态为完好条件下,继续贮存直至失效的时间,因此剩余贮存寿命 X_2 等于贮存寿命 X 和已贮存时间 t_1 之差,即 $X_2=X-t_1$。可用剩余可靠度来描述剩余贮存寿命的分布情况。剩余可靠度

$p_2(t_2|t_1)$可表示为

$$p_2(t_2|t_1)=P(X_2>t|X>t_1)=\frac{p_1(t_1+t_2)}{p_1(t_1)} \tag{5.1.1}$$

剩余可靠度描述产品继续贮存时的可靠性。

例 5.1.1　某部件由 4 类单元组成,各单元的贮存寿命分布规律如表 5.1.1 所示。

(1) 试计算各单元及部件在 1～20 年贮存期间历年的贮存可靠度。

(2) 该部件已经贮存 5 年且状态为完好,试计算各单元及部件在继续贮存 1～20 年期间历年的剩余可靠度。

表 5.1.1　4 类单元的贮存寿命分布规律

单元序号	寿命分布类型	参数 1	参数 2	寿命均值	寿命根方差
1	指数分布	19.6	——	19.6	19.6
2	伽马分布	1.2	10.3	12.4	11.3
3	正态分布	16.3	2.1	16.3	2.1
4	韦布尔分布	15.7	4.2	14.3	3.8

解　(1) 各单元及部件在 1～20 年贮存期间历年的可靠度如图 5.1.1、表 5.1.2 所示。

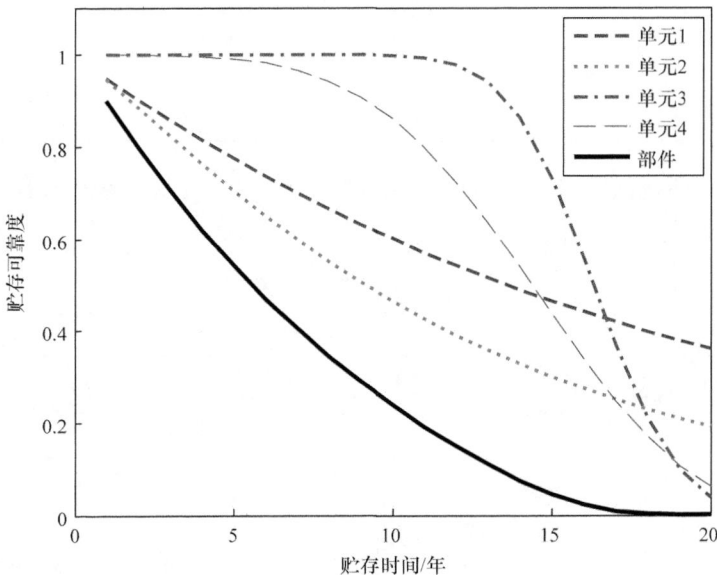

图 5.1.1　各单元及部件的贮存可靠度

表 5.1.2　各单元及部件的贮存可靠度

贮存时间/年	贮存可靠度				
	单元 1	单元 2	单元 3	单元 4	部件
1	0.95	0.95	1.00	1.00	0.90
2	0.90	0.89	1.00	1.00	0.80
3	0.86	0.82	1.00	1.00	0.71
4	0.82	0.76	1.00	1.00	0.62
5	0.77	0.70	1.00	0.99	0.54
6	0.74	0.65	1.00	0.98	0.47
7	0.70	0.60	1.00	0.97	0.41
8	0.66	0.55	1.00	0.94	0.35
9	0.63	0.51	1.00	0.91	0.29
10	0.60	0.46	1.00	0.86	0.24
11	0.57	0.43	0.99	0.80	0.19
12	0.54	0.39	0.98	0.72	0.15
13	0.52	0.36	0.94	0.64	0.11
14	0.49	0.33	0.86	0.54	0.07
15	0.47	0.30	0.73	0.44	0.04
16	0.44	0.28	0.56	0.34	0.02
17	0.42	0.25	0.37	0.25	0.01
18	0.40	0.23	0.21	0.17	0.00
19	0.38	0.21	0.10	0.11	0.00
20	0.36	0.19	0.04	0.06	0.00

（2）该部件在已贮存 5 年且状态完好条件下，若继续贮存，则各单元及部件的剩余可靠度如表 5.1.3、图 5.1.2 所示。

表 5.1.3　各单元及部件的剩余可靠度

贮存时间/年	剩余可靠度				
	单元 1	单元 2	单元 3	单元 4	部件
1	0.95	0.92	1.00	0.99	0.87
2	0.90	0.85	1.00	0.97	0.75
3	0.86	0.78	1.00	0.95	0.64
4	0.82	0.72	1.00	0.92	0.54
5	0.77	0.66	1.00	0.87	0.44
6	0.74	0.61	0.99	0.81	0.36
7	0.70	0.56	0.98	0.73	0.28

续表

贮存时间/年	剩余可靠度				
	单元 1	单元 2	单元 3	单元 4	部件
8	0.66	0.51	0.94	0.64	0.20
9	0.63	0.47	0.86	0.54	0.14
10	0.60	0.43	0.73	0.44	0.08
11	0.57	0.39	0.56	0.34	0.04
12	0.54	0.36	0.37	0.25	0.02
13	0.52	0.33	0.21	0.17	0.01
14	0.49	0.30	0.10	0.11	0.00
15	0.47	0.27	0.04	0.06	0.00
16	0.44	0.25	0.01	0.03	0.00
17	0.42	0.23	0.00	0.02	0.00
18	0.40	0.21	0.00	0.01	0.00
19	0.38	0.19	0.00	0.00	0.00
20	0.36	0.17	0.00	0.00	0.00

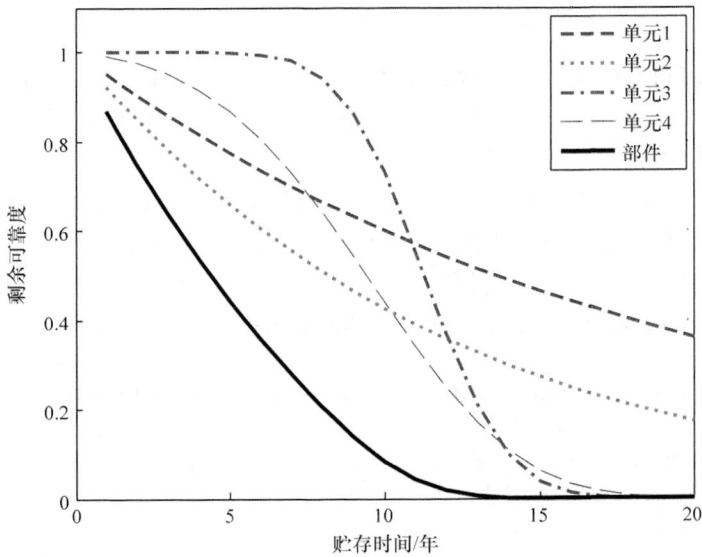

图 5.1.2　各单元及部件的剩余可靠度

　　值得注意的是：当寿命服从指数分布时，由于指数分布的无记忆性[2]，其剩余寿命的分布规律和寿命的分布规律是相同的。指数分布的这个特点也意味着在理论上该类单元无须延寿。

　　若事先规定贮存期间部件可靠度不得低于 0.5，则由表 5.1.2 可知该部件的理论贮存期限为 5 年。

在 5 年贮存期结束后,经检查若该部件状态完好、未发生失效,且不开展延寿工作,由表 5.1.3 可知,该部件理论上还可以再贮存 4 年。

5.1.2　批量装备

针对批量贮存的装备,可以从贮存完好性的角度设定延寿门限。

贮存完好性是战备完好性指标在贮存类装备上的一种具体形式。针对批量列装的装备,可以贮存达标概率来定量描述贮存完好性。

贮存达标概率的定义为:贮存完好产品的数量 n 不低于 M 的概率,即 $P(n>M)$,记为 Psz,本章将其简称为达标概率。对于使用雷弹装备的部队,该概率值直接回答了部队最关心的问题[3]——当要求执行任务时,有多少数量的雷弹装备,其战术技术指标仍然满足设计定型要求、可以投入作战使用。5.1.1 节中的贮存可靠度、剩余可靠度没有回答这个部队最关心的问题。

从数理统计的角度来看,贮存过程中完好产品的数量 n 服从二项分布 $b(N, p)$。N 为参与贮存的所有产品数量,p 为贮存时长 t 对应的可靠度,则贮存达标概率 Psz 为

$$\text{Psz} = P(n>M) = 1 - \sum_{i=0}^{M} C_N^i p^i (1-p)^{N-i} \tag{5.1.2}$$

整体贮存和模块化贮存是两种常见的贮存模式。整体贮存是指产品以整机的方式进行贮存;模块化贮存是指构成产品的各单元分开单独贮存,使用产品前需要将各单元进行组装。

例 5.1.2　某部件由 4 个单元组成,采用整体贮存模式,部件总数 $N=100$,各单元的贮存寿命分布规律如表 5.1.1 所示。若在任意贮存时刻,该部件可接受的完好部件数量下限 $M=60$,试计算在 1～20 年贮存期间,该部件的达标概率 Psz。

解　若部件采用整体贮存模式,则部件完好数量服从二项分布 $b(N,p)$。因假定单元之间为串联关系,故上述 p 为各单元的可靠度 Pr_i 的乘积,$p = \prod_{i=1}^{5} \text{Pr}_i$。

达标概率 $\text{Psz} = P(n>M) = 1 - \sum_{i=0}^{M} C_N^i p^i (1-p)^{N-i}$。计算结果如表 5.1.4、图 5.1.3 所示。

表 5.1.4　单元和部件的可靠度及达标概率

贮存时间/年	单元 1 可靠度	单元 2 可靠度	单元 3 可靠度	单元 4 可靠度	部件可靠度	Psz
1	0.95	0.95	1.00	1.00	0.90	1.00
2	0.90	0.89	1.00	1.00	0.80	1.00
3	0.86	0.82	1.00	1.00	0.71	0.98

续表

贮存时间/年	单元1可靠度	单元2可靠度	单元3可靠度	单元4可靠度	部件可靠度	Psz
4	0.82	0.76	1.00	1.00	0.62	0.62
5	0.77	0.70	1.00	0.99	0.54	0.10
6	0.74	0.65	1.00	0.98	0.47	0.00
7	0.70	0.60	1.00	0.97	0.41	0.00
8	0.66	0.55	1.00	0.94	0.35	0.00
9	0.63	0.51	1.00	0.91	0.29	0.00
10	0.60	0.46	1.00	0.86	0.24	0.00
11	0.57	0.43	0.99	0.80	0.19	0.00
12	0.54	0.39	0.98	0.72	0.15	0.00
13	0.52	0.36	0.94	0.64	0.11	0.00
14	0.49	0.33	0.86	0.54	0.07	0.00
15	0.47	0.30	0.73	0.44	0.04	0.00
16	0.44	0.28	0.56	0.34	0.02	0.00
17	0.42	0.25	0.37	0.25	0.01	0.00
18	0.40	0.23	0.21	0.17	0.00	0.00
19	0.38	0.21	0.10	0.11	0.00	0.00
20	0.36	0.19	0.04	0.06	0.00	0.00

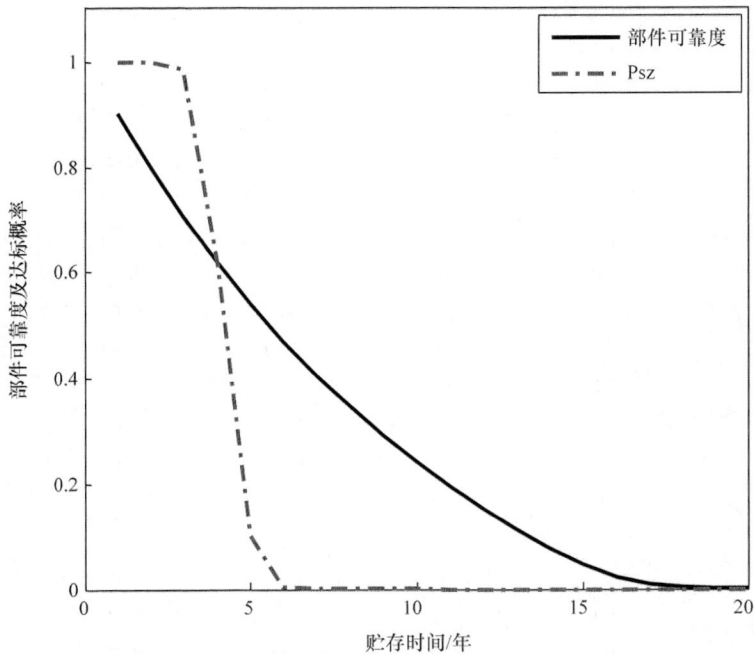

图 5.1.3 部件可靠度及达标概率随贮存时间的变化曲线

达标概率 Psz 反映了贮存期间可用部件数量超过军方可接受下限 M 的概率。若事先规定"$M=60$,贮存期间达标概率 Psz 不得小于 0.6",则由上述计算结果可知,该部件贮存 4 年后,需要开展延寿工作。该规定中 M、Psz 的下限值取决于军方对该部件的战备完好性要求。

例 5.1.3　某部件由 4 类单元组成,采用模块化贮存模式,部件总数 $N=100$,各单元的贮存寿命分布规律如表 5.1.1 所示。若在任意贮存时刻,该部件可接受的完好数量下限 $M=60$,试计算在 1~20 年贮存期间该部件的达标概率 Psz。

解　若部件采用模块化贮存模式,则第 k 个单元的完好数量服从二项分布 $b(N, p_k)$,p_k 等于该单元的贮存可靠度。

若计算各单元对应的达标概率 $\mathrm{Pz}_k = 1 - \sum_{i=0}^{M} \mathrm{C}_N^i p_k^i (1-p_k)^{N-i}$,则部件的达标概率 $\mathrm{Psz} = \prod_{k=1}^{5} \mathrm{Pz}_k$。各单元和部件的达标概率计算结果如表 5.1.5、图 5.1.4 所示。

表 5.1.5　各单元和部件的达标概率

贮存时间/年	达标概率				
	单元 1	单元 2	单元 3	单元 4	部件
1	1.00	1.00	1.00	1.00	1.00
2	1.00	1.00	1.00	1.00	1.00
3	1.00	1.00	1.00	1.00	1.00
4	1.00	1.00	1.00	1.00	1.00
5	1.00	0.98	1.00	1.00	0.98
6	1.00	0.83	1.00	1.00	0.83
7	0.98	0.45	1.00	1.00	0.44
8	0.90	0.14	1.00	1.00	0.12
9	0.71	0.02	1.00	1.00	0.02
10	0.47	0.00	1.00	1.00	0.00
11	0.24	0.00	1.00	1.00	0.00
12	0.10	0.00	1.00	0.99	0.00
13	0.04	0.00	1.00	0.74	0.00
14	0.01	0.00	1.00	0.09	0.00
15	0.00	0.00	1.00	0.00	0.00
16	0.00	0.00	0.17	0.00	0.00
17	0.00	0.00	0.00	0.00	0.00
18	0.00	0.00	0.00	0.00	0.00
19	0.00	0.00	0.00	0.00	0.00
20	0.00	0.00	0.00	0.00	0.00

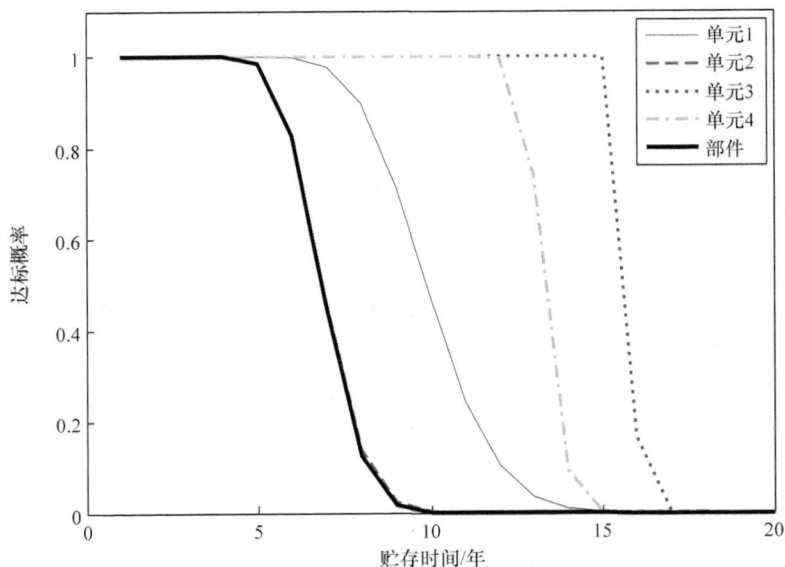

图 5.1.4　各单元和部件的达标概率随贮存时间的变化曲线

若事先规定"$M=60$,贮存期间达标概率 Psz 不得小于 0.6",则由上述结果可知,该部件贮存 6 年后,需要开展延寿工作。上述结果还表明:单元 2 的可靠性是所有单元中最差的,是该部件的薄弱环节。该单元的贮存效果对部件贮存完好性起着决定性影响,这也导致单元 2 的达标概率曲线几乎和部件的达标概率曲线重合。

5.2　到　期　延　寿

到期延寿是指当部件贮存时间到达预定期限后开展延寿工作。本节主要回答延寿方案中"部件中的哪些单元需要延寿?"这一基本问题,为确定延寿工作内容提供辅助决策。

一般来说,决策问题会在效益和成本之间博弈,给出的优化解决方案大都力图实现成本最小情况下的效益最大化。本章以换件维修作为延寿手段,以延寿后再次贮存若干年后达标概率不低于某阈值为目标,以更换单元的费用为成本,以反映再次贮存效果的达标概率为效益指标,给出一系列优化后的延寿方案,绘制出这些方案的效费曲线,使决策者明了当给定某个费用额度时最好的延寿效果能达到何种程度,为选定最终的延寿方案提供技术支持。

针对不同的贮存场景,可采用不同的延寿方案优化方法,下面按照整体贮存和模块化贮存两种场景展开论述。本节假定要对所有贮存到期的部件开展延寿工作。

5.2.1 整体贮存场景

对于整体贮存方式,延寿后部件的达标概率取决于该部件的贮存可靠度,而部件的贮存可靠度是所有单元可靠度的乘积,此时采用边际优化算法可以得到效费比最优的系列方案。该场景下延寿方案优化方法的步骤简述如下。

步骤 1:检查所有贮存到期部件的完好性状态,根据其单元失效结果对部件延寿初始状态进行划分并归类。

步骤 2:针对每类部件延寿初始状态,按照"先更换失效单元,再酌情更换旧品单元"原则,应用边际优化算法得到一系列延寿方案,并对这些方案进行编号。

步骤 3:在步骤 2 的基础上,按照边际优化思路,组合各类部件的延寿方案得到一系列总体方案,并计算这些总体方案的费用和达标概率,绘制效费曲线,供延寿工作管理者决策使用。

假定:该部件有 K 个不同的单元,数组 dyM 表示所有单元的价格,dyM_k 是第 k 个单元的价格,该部件的贮存总数为 N。已贮存时间为 t_1 年,延寿后计划再贮存 t_2 年。贮存 t_1 年后状态为完好且未更换的单元称为旧品,更换后的单元称为新品。

各步骤的具体内容如下:

步骤 1

以数组 zs 表示某部件在贮存到期后各单元的完好性状态,数组中 $zs_k = \begin{cases} 1, & \text{第 } k \text{ 个单元完好} \\ 0, & \text{第 } k \text{ 个单元失效} \end{cases}$ $(1 \leqslant k \leqslant K)$。对所有贮存到期的部件进行状态检查,把贮存完好性状态相同的部件归为一类(假定共有 Nz 类)。各类部件完好性状态保存在矩阵 ZS 中,记第 i 类部件的数量为 $Nzs_i (1 \leqslant i \leqslant Nz)$。

例如,某部件由 4 类单元组成,贮存结束后,经检查发现有 20 个部件都是第 1、3 单元失效,则第 i 类完好性状态部件的 $ZS(i,:) = [0 \quad 1 \quad 0 \quad 1]$,$Nzs_i = 20$。

步骤 2

对于部件的某种完好性状态 $ZS(i,:)$,当部件包含 K 个单元时,其至多有 2^K 种延寿方案,采用步骤 2 后,可将待选方案范围缩小至最多 K 种。

以包含 $K+2$ 个数字的数组 Plan 表示一种更换单元的延寿方案,该数组的前 K 个数值为 0 或 1,即 $Plan_k = \begin{cases} 0, & \text{第 } k \text{ 个单元未被更换} \\ 1, & \text{第 } k \text{ 个单元被更换} \end{cases}$ $(1 \leqslant k \leqslant K)$,它记录了所有更换单元的信息;第 $K+1$ 个 $Plan_{K+1}$ 为该延寿方案对应的效益(部件可靠度),第 $K+2$ 个 $Plan_{K+2}$ 为该延寿方案的费用。

遍历步骤 1 中每类部件 $ZS(i,:) (1 \leqslant i \leqslant Nz)$,按照边际优化思路得到一系列优化后的延寿方案。具体步骤如下。

（1）计算所有单元的两种可靠度数组 oldPr 和 newPr。

K 为构成部件的单元数量（$1 \leqslant k \leqslant K$），数组 oldPr 中的第 k 个 $oldPr_k$ 是第 k 个单元为旧品的可靠度，数组 newPr 中的第 k 项 $newPr_k$ 是第 k 个单元为新品的可靠度。

i 为部件贮存到期状态类别序号，令 $i=1$（$1 \leqslant i \leqslant Nz$）。

（2）初始化。

令当前延寿方案数组 Plan 中的所有数字为 0；数组 nowPr 为所有单元的当前可靠度，令 nowPr＝oldPr。

（3）更换部件中的失效单元。

令 $nzs=Nzs_i$，$zs=ZS(i,:)$，在 zs 中找到单元状态为 0 的所有序号，把这些序号保存在数组 idF 中。这些单元为已失效单元，对其进行更换后，将当前延寿方案 Plan 中的对应项更新为 1，即 $Plan_{idF}=1$。

将当前可靠度 nowPr 中的对应项更新为相应的新品可靠度，即 $nowPr_{idF}=newPr_{idF}$。

更新当前延寿方案的效益，令 $Plan_{K+1} = \prod nowPr$。

更新当前延寿方案的费用为该类部件所有更换单元的价格之和，令 $Plan_{K+2} = \underset{nzs}{\sum} dyM_{idF}$。

令延寿方案序号 jPlan＝1，矩阵 mPlan 用于保存针对第 i 类部件优化后的所有延寿方案，令其第 jPlan 行 $mPlan(jPlan,:)=Plan$。

（4）处理部件旧品中的指数单元。

当寿命服从指数分布时，由于剩余寿命分布规律和寿命分布规律相同，因此若部件中的指数单元贮存到期后状态为完好，则这些指数单元不必采取更换延寿措施。把这些单元序号记录在数组 inR 中，令 $Plan_{inR}=1$。

（5）处理部件旧品中非指数单元。

在 Plan 的前 K 项中找出所有等于 0 的数字项（这些项对应的单元为旧品），把这些数字项对应的序号保存在数组 inR 中，该数组包含 Nidr 个序号。若 Nidr > 0，则转①，否则转（7）。

① 令 $j=1$，$dyID=inR_j$。

② 令矩阵 tPlan 中的第 j 行数组 $tPlan(j,:)=Plan$，令单元可靠度 $tPdy=nowPr$。

③ 更换第 dyID 个单元后，更新 $tPlan(j,dyID)=1$；更新单元可靠度 $tPdy_{dyID}=newPr_{dyID}$；更新延寿方案效益 $tPlan(j,K+1)=\prod tPdy$；更新延寿方案费用 $tPlan(j,K+2)=Plan_{K+2}+nzs \cdot dyM_{dyID}$；更新效费比 $tPM_j = \dfrac{tPlan(j,K+1)-Plan_{K+1}}{dyM_{dyID}}$。

④ 令 $j=j+1$,dyID=inR$_j$,若 $j\leqslant$Nidr,则转②,否则转(6)。

(6) 在效费比数组 tPM 中找到最大值,记其序号为 I,令 Plan=tPlan$(I,:)$, nowPr$_{idR(I)}$=newPr$_{idR(I)}$,jPlan=jPlan+1,mPlan(jPlan,:)=Plan。清空上述中间变量 idR、tPlan、tPM 后转(5)。

(7) 保存相关结果。

令 $v=(i-1)(K+2)+1,w=i(K+2)$,保存该类部件所有延寿方案信息 mPlan 到矩阵 allPlan 的对应位置,令 allPlan(1:jPlan,$v:w$)=mPlan;保存该类部件所有延寿方案的部件可靠度到可靠度矩阵 allPbj 的对应位置,令 allPbj(1:jPlan,i)=mPall(:,$K+1$);保存该类部件所有延寿方案的费用到费用矩阵 allM 的对应位置,令 allM(1:jPlan,i)=mPall(:,$K+2$);保存该类部件所有延寿方案的数量到数组 NPlan 的对应位置,令 NPlan$_i$=jPlan;清空上述中间变量 mPlan、mPall 后转(8)。

(8) 令 $i=i+1$,若 $i\leqslant$Nz,则转(2),否则终止优化。

例 5.2.1　某部件由 4 类单元组成,采用整体贮存模式,单元的贮存寿命分布规律如表 5.2.1 所示。该部件已贮存 10 年,希望延寿后能再可靠贮存 5 年。在达到 10 年贮存期后,经检查,该批次部件中有部分数量的部件其单元完好性状态为 $\begin{bmatrix} 0 & 1 & 1 & 0 \end{bmatrix}$,试按照上述步骤 2,计算该类完好性状态部件的所有优化延寿方案。

表 5.2.1　单元的贮存寿命分布规律

单元序号	寿命分布类型	参数 1	参数 2	寿命均值	寿命根方差
1	指数分布	19.6	—	19.6	19.6
2	伽马分布	1.2	10.3	12.4	11.3
3	正态分布	16.3	2.1	16.3	2.1
4	韦布尔分布	15.7	4.2	14.3	3.8

解　若部件采用整体贮存模式,则单元之间为串联关系,部件的贮存可靠度是各单元的可靠度的乘积。

首先,计算上述单元再次可靠贮存 5 年后的旧品、新品可靠度,结果如表 5.2.2 所示。

表 5.2.2　旧品、新品各单元的贮存可靠度

类型	贮存可靠度			
	单元 1	单元 2	单元 3	单元 4
旧品	0.775	0.647	0.733	0.509
新品	0.775	0.705	1.000	0.992

　　然后,更换部件中的失效单元,当前的延寿方案为[1　0　0　1]。以该方案为基础,候选延寿方案分别为[1　1　0　1]和[1　0　1　1],分别计算其对应的部件可靠度、费用和效费比,计算结果如表 5.2.3 所示。

表 5.2.3　当前方案和候选方案对应结果

方案信息	单元 1	单元 2	单元 3	单元 4	部件可靠度	费用/元	效费比
当前方案	1	0	0	1	0.364	370	
候选方案 1	1	1	0	1	0.397	560	0.00017
候选方案 2	1	0	1	1	0.497	665	0.00045

　　由于候选方案 2 的效费比最大,因此该方案作为优化方案保存下来,并更新为当前方案,继续优化,直至到达更换所有单元的终极方案。

　　得到的所有优化延寿方案如表 5.2.4 所示。

表 5.2.4　部件延寿方案的边际优化结果

方案信息	单元 1	单元 2	单元 3	单元 4	部件可靠度	费用/元
优化方案 1	1	0	0	1	0.364	370
优化方案 2	1	0	1	1	0.497	665
优化方案 3	1	1	1	1	0.542	855

步骤 3

记 Nz 为部件的贮存完好性状态类型数量。

在计算出部件所有完好性状态类型相应的优化延寿方案集后,只需要对这些方案进行组合就可以得到总体延寿方案。总体延寿方案至多有 $2^{K \times N_z}$ 种。当 $2^{K \times N_z}$ 数值不大时,可以用遍历的方式给出所有总体延寿方案的效益(达标概率)和费用。当 $2^{K \times N_z}$ 数值太大时,可以再次使用边际优化算法,将优化后的总体延寿方案数量缩小为至多 $(K+1)N_z$,同样给出优化后的总体延寿方案的效益(达标概率)和费用。

在得到一系列总体延寿方案集后,可进一步绘制出反映效益与费用的效费曲线,为最终选定总体延寿方案提供辅助。

无论是遍历法还是边际优化法,都涉及一个共同的环节:当各完好性状态类型的部件分别采用自己的延寿方案时,如何计算其总体效益(达标概率)。

以数组 planIDnow 记录部件各种完好性状态类型对应的延寿方案 ID,这些方案一起构成最终的总体延寿方案。例如,若部件有 3 种完好性状态类型,则 planIDnow=[2　4　3]表示该总体延寿方案中的第 1 类部件完好性状态采用其 2 号方案,第 2 类采用其 4 号方案,第 3 类采用其 3 号方案。此时,这种组合方案的总体效益(达标概率)可通过卷积计算得到。

1. 遍历法

遍历法适合于总体延寿方案总数量不太大的情况。

遍历法具体步骤如下：

(1) 遍历生成总体延寿方案。

利用多重循环遍历的方式，得到矩阵 planIDall，其记录部件各种完好性状态类型对应的所有延寿方案 ID。

矩阵 planIDall 的行向量 planIDall$(j,:)$ 是第 j 种总体延寿方案，其中的 planIDall(j,i) 是针对第 i 种完好性状态类型的延寿方案的 ID 号（$1 \leqslant$ planIDall$(j, i) \leqslant$ NPlan$_i$）。

例如，部件共有 3 种完好性状态，各自有 3、4、5 种延寿方案，则通过多重循环方式遍历产生 planIDall，其 MATLAB 代码如下：

```
j=0;
for i=1:3
    for m=1:4
        for n=1:5
            j=j+1;
            planIDall(j,:)=[i  m  n];
        end
    end
end
```

记 planIDall 的行向量数量为 Jplan。

(2) 遍历计算各总体延寿方案的效益和费用。

① 令 $j=1$。

② 令 $p_1 =$ allPbj(planIDall$(j,1),1$)，则完好数量 x 服从二项分布 $b($Nzs$_1$, $p_1)$，计算概率 Pj$_x = C_{\text{Nzs}_1}^x\, p_1^x\, (1-p_1)^{\text{Nzs}_1-x}$（$0 \leqslant x \leqslant$ Nzs$_1$）。

令费用 Money $=$ allM(planIDall$(j,1),1$)。

③ 令 $i=2$，若 $i >$ Nz，则令 Pjt $=$ Pj 后，转⑥。

④ 令 $p_2 =$ allPbj(planIDall$(j,i),i$)，则完好数量 y 服从二项分布 $b($Nzs$_i$, $p_2)$，计算概率 Pjty $=$ C$_{\text{Nzs}_i}^y\, p_2^y\, (1-p_2)^{\text{Nzs}_i-y}$（$0 \leqslant y \leqslant$ Nzs$_i$）。

计算 Pj 和 Pt 的卷积，记其结果为 Pjt，更新 Pj $=$ Pjt。

令费用 Money $=$ Money $+$ allM(planIDall$(j,1),i$)。

⑤ 令 $i=i+1$，若 $i \leqslant$ Nz，则转④，否则转⑥。

⑥ 令 psz $= 1 - \sum\limits_{j=1}^{M+1} \mathrm{Pjt}_j$，planPM$(j,:) = [\mathrm{Money}\quad \mathrm{psz}]$；令 $j = j + 1$，若 $j \leqslant$ Jplan，则转 ②，否则转 ⑦。

⑦ 终止计算。

若将 planPM 按照其第 1 列（费用）从小到大的方式进行重新排列，以费用为 X 坐标，效益为 Y 坐标，绘制效费曲线，则其可用于辅助确定最终的总体延寿方案。该曲线可以回答"当确定完好数量下限 M、延寿方案的费用不大于 XXX 值时，能达到的达标概率最大值是多少？其对应的延寿方案如何？"这一问题。

若将 planPM 按照其第 2 列（达标概率）从小到大的方式进行重新排列，以效益（达标概率）为 X 坐标，费用为 Y 坐标，绘制效费曲线，则其可用于辅助确定最终的总体延寿方案。该曲线可以回答"在完好数量下限 M、可接受的达标概率下限值确定后，延寿方案的费用最少是多少？其对应的延寿方案如何？"这一问题。

2. 边际优化算法

边际优化算法适合于总体延寿方案总数量非常大的情况。以下为边际优化算法的具体步骤。

（1）初始化。

以数组 planIDnow 记录部件各种完好性状态类型对应的延寿方案 ID，这些方案一起构成最终的总体延寿方案，令 planIDnow$_i = 1 (1 \leqslant i \leqslant \mathrm{Nz})$，planIDnow$_i$ 是部件第 i 种完好性状态类型的当前延寿方案 ID。

令 planID = planIDnow；flag 数组是部件各种完好性状态类型是否继续优化的标志，令 flag$_i = 1 (1 \leqslant i \leqslant \mathrm{Nz})$。

jN 为优化次数，令 jN = 1。

（2）计算总体延寿方案的费用。

① 令延寿方案费用 Money = 0，变量 $i = 1$。

② allM(planID_i, i) 为第 i 种完好性状态类型的第 planID$_i$ 种延寿方案的费用，令方案费用 Money = Money + allM(planID_i, i)，$i = i + 1$。

③ 若 $i \leqslant \mathrm{Nz}$，则转 ②，否则输出方案费用 Money。

（3）计算总体延寿方案的达标概率。

① 根据各类型的延寿方案 planID，从可靠度矩阵 allPbj 中取出对应的部件可靠度置于数组 Pbj 中，即 Pbj$_i = \mathrm{allPbj}(\mathrm{planID}_i, i) (1 \leqslant i \leqslant \mathrm{Nz})$。

② 令数组 $x = [0 \quad 1 \quad 2 \quad \cdots \quad \mathrm{Nzs}_1]$，即 $x_j = j - 1 (1 \leqslant j \leqslant \mathrm{Nzs}_1 + 1)$。

计算概率 pX$_j = C_{\mathrm{Nzs}_1}^{x_j} \mathrm{Pbj}_1^{x_j} (1 - \mathrm{Pbj}_1)^{\mathrm{Nzs}_1 - x_j} (1 \leqslant j \leqslant \mathrm{Nzs}_1)$。

令 $i = 2$。

③ 令数组 $y = [0 \quad 1 \quad 2 \quad \cdots \quad \mathrm{Nzs}_i]$，即 $y_j = j - 1 (1 \leqslant j \leqslant \mathrm{Nzs}_i + 1)$。

计算概率 $pY_j = C_{Nzs_i}^{y_j} Pbj_i^{y_j} (1-Pbj_i)^{Nzs_i-y_j}$ $(1 \leqslant j \leqslant Nzs_i+1)$。

计算 pX 和 pY 的卷积，将结果保存到 pXY 中，并令 pX＝pXY。

④ 令 $i=i+1$；若 $i \leqslant Nz$，则转③，否则转⑤。

⑤ 输出达标概率 Psz，令 $Psz = 1 - \sum_{j=1}^{M+1} pXY_j$。

（4）保存结果。令 PlanAll(jN, :)＝[planIDnow　Money　Psz]，nowM＝Money，nowPsz＝Psz。

（5）判断部件的各种完好性状态类型是否继续优化。

① 令 $i=1$。

② 若 $planIDnow_i \geqslant NPlan_i$，则 $flag_i=0$。

③ 令 $i=i+1$；若 $i \leqslant Nz$，则转②，否则终止判断，转（6）。

（6）总体延寿方案优化。

① 若 $\sum_{i=1}^{Nz} flag_i > 0$，则转②，否则转（7）。

② 在 flag 中找出所有大于 0 的数字项，共有 nFlag 项，其序号保存在 indFlag 中，令 $i=1$。

③ 令可继续优化的类别序号 $IDt=indFlag_i$，$IDplan(i, :)=planIDnow$，令 IDplan(i, IDt)＝IDplan(i, IDt)+1。

④ 令 planID＝IDplan(i, :)，执行（2）计算总体延寿方案的费用，将其结果 Money 保存在 tM_i 中，即 $tM_i=$Money。

执行（3）计算总体延寿方案的达标概率，将其结果 Psz 保存在 tP_i 中，即 $tP_i=$Psz。

计算效费比 $tPM_i = \dfrac{tP_i - nowPsz}{tM_i - nowM}$。

⑤ 令 $i=i+1$，若 $i \leqslant nFlag$，则转③，否则在 tPM 中找到最大值，记其序号为 I，IDplan(I, :)为本次的优化总体延寿方案，更新总体方案 planIDnow＝IDplan(I, :)。

令 nowM＝tM_I，nowPsz＝tP_I；令 jN＝jN+1，PlanAll(jN, :)＝[planIDnow　nowM　nowPsz]；

清空中间变量 IDplan、tM、tP、tPM。

⑥ 执行（5）判断部件的各种完好性状态类型是否继续优化，更新 flag 后转①。

（7）边际优化结束，输出结果 PlanAll。

例 5.2.2　仓库内贮存有某种部件共 20 套，该部件由 4 个单元组成，已贮存 10 年，部件中各单元的贮存寿命规律及单价如表 5.2.5 所示，采用整体贮存模式。对所有部件进行完好性检查，其完好性状态有 3 类，如表 5.2.6 所示。现在计划对所有部件开展延寿工作,希望延寿后能再可靠贮存 5 年,对该部件可以接受的完好数量下限 M 为 10。

表 5.2.5　各单元的贮存寿命参数及单价

单元序号	寿命分布类型	参数 1	参数 2	寿命均值	寿命根方差	单价/元
1	伽马分布	1.2	9	10.8	9.9	52.0
2	韦布尔分布	16.3	5.8	15.1	3.0	12.0
3	正态分布	14.5	5.8	14.5	5.8	50.0
4	伽马分布	3	12.5	37.5	21.7	43.0

表 5.2.6　部件的完好性状态类型

类别序号	状态类型				数量/套
	单元 1	单元 2	单元 3	单元 4	
1	1	1	1	1	5
2	0	0	1	0	7
3	1	0	0	1	8

(1) 试计算各类的延寿方案。

(2) 以遍历法计算所有的总体延寿方案,并绘制其总体延寿方案的效费曲线。

(3) 根据遍历法的结果,若延寿费用不能超过 2000 元,则延寿后的达标概率至多多大? 对应的延寿方案如何?

(4) 根据遍历法的结果,当要求达标概率不低于 0.7 时,延寿费用至少需要多少? 其对应的延寿方案如何?

(5) 以边际优化算法计算优化后的总体延寿方案,并绘制其总体延寿方案的效费曲线。

(6) 根据边际优化算法的结果,若延寿费用不能超过 2000 元,则延寿后的达标概率至多多大? 对应的延寿方案如何?

(7) 根据边际优化算法的结果,当要求达标概率不低于 0.8 时,延寿费用至少需要多少? 其对应的延寿方案如何?

解　(1) 首先计算各单元旧品(延寿时不更换)和新品(延寿时更换)再次贮存 5 年的贮存可靠度,结果如表 5.2.7 所示。

表 5.2.7　单元的贮存可靠度

类型	贮存可靠度			
	单元 1	单元 2	单元 3	单元 4
旧品	0.604	0.572	0.596	0.923
新品	0.665	0.999	0.949	0.992

对于第 1 种状态完好性类别[1　1　1　1]，采用步骤 2 介绍的方法得到其延寿方案，如表 5.2.8 所示。

表 5.2.8　类别 1 的延寿方案

方案序号	延寿方案(0-不更换,1-更换)				部件可靠度	费用/元
	单元 1	单元 2	单元 3	单元 4		
1	0	0	0	0	0.190	0
2	0	1	0	0	0.332	60
3	0	1	1	0	0.529	310
4	1	1	1	0	0.582	570
5	1	1	1	1	0.626	785

对于第 2 种状态完好性类别[0　0　1　0]，采用步骤 2 介绍的方法得到其延寿方案，如表 5.2.9 所示。

表 5.2.9　类别 2 的延寿方案

方案序号	延寿方案(0-不更换,1-更换)				部件可靠度	费用/元
	单元 1	单元 2	单元 3	单元 4		
1	1	1	0	1	0.393	749
2	1	1	1	1	0.626	1099

对于第 3 种状态完好性类别[1　0　0　1]，采用步骤 2 介绍的方法得到其延寿方案，如表 5.2.10。

表 5.2.10　类别 3 的延寿方案

方案序号	延寿方案(0-不更换,1-更换)				部件可靠度	费用/元
	单元 1	单元 2	单元 3	单元 4		
1	0	1	1	0	0.529	496
2	1	1	1	0	0.582	912
3	1	1	1	1	0.626	1256

(2) 采用遍历方式，可以得到 30 种总体延寿方案，所有的总体延寿方案 planIDall 和对应的费用及达标概率如表 5.2.11 所示。更换所有单元时称其为终极延寿方案，其对应的费用为 3140 元。本节把各总体延寿方案费用与终极延寿方案的比例称为费用比例。

表 5.2.11 所有总体延寿方案的费用及达标概率

总体方案序号	类别1的方案序号	类别2的方案序号	类别3的方案序号	费用/元	达标概率	费用比例
1	1	1	1	1245	0.112	0.40
2	1	1	2	1661	0.153	0.53
3	1	1	3	2005	0.193	0.64
4	1	2	1	1595	0.328	0.51
5	1	2	2	2011	0.405	0.64
6	1	2	3	2355	0.471	0.75
7	2	1	1	1305	0.197	0.42
8	2	1	2	1721	0.254	0.55
9	2	1	3	2065	0.307	0.66
10	2	2	1	1655	0.460	0.53
11	2	2	2	2071	0.539	0.66
12	2	2	3	2415	0.603	0.77
13	3	1	1	1555	0.347	0.50
14	3	1	2	1971	0.420	0.63
15	3	1	3	2315	0.483	0.74
16	3	2	1	1905	0.637	0.61
17	3	2	2	2321	0.707	0.74
18	3	2	3	2665	0.760	0.85
19	4	1	1	1815	0.392	0.58
20	4	1	2	2231	0.468	0.71
21	4	1	3	2575	0.532	0.82
22	4	2	1	2165	0.681	0.69
23	4	2	2	2581	0.748	0.82
24	4	2	3	2925	0.797	0.93
25	5	1	1	2030	0.430	0.65
26	5	1	2	2446	0.508	0.78
27	5	1	3	2790	0.572	0.89
28	5	2	1	2380	0.717	0.76
29	5	2	2	2796	0.779	0.89
30	5	2	3	3140	0.824	1.00

以第 15 号总体方案[3 1 3]为例。

其类别 1 采用第 3 种延寿方案,由表 5.2.8 可知,该类别的部件更换方案为 [0 1 1 0],即更换第 2、3 单元,该类部件的完好数量 x 服从二项分布 $b(5, 0.529)$,x 及其概率 PX 见表 5.2.12。

　　类别 2 采用第 1 种延寿方案,由表 5.2.9 可知,该类别的部件更换方案为
[1　1　0　1],即更换第 1、2、4 单元,该类部件的完好数量 y 服从二项分布 $b(7,$
$0.393)$,y 及其概率 PY 见表 5.2.12。

　　类别 3 采用第 3 种延寿方案,由表 5.2.10 可知,该类别的部件更换方案为
[1　1　1　1],即更换所有的单元,该类部件的完好数量 z 服从二项分布 $b(8,$
$0.626)$,z 及其概率 PZ 见表 5.2.12。

　　所有部件的完好数量 $n=x+y+z$,其概率 PN 由 PX、PY、PZ 卷积计算得到。
n 及其概率 Pj123 见表 5.2.12.

表 5.2.12(a)　　类别 1 对应的部件完好数量及其概率

x	0	1	2	3	4	5
PX	0.023	0.130	0.292	0.328	0.185	0.041

表 5.2.12(b)　　类别 2 对应的部件完好数量及其概率

y	0	1	2	3	4	5	6	7
PY	0.030	0.138	0.267	0.288	0.187	0.072	0.016	0.001

表 5.2.12(c)　　类别 3 对应的部件完好数量及其概率

z	0	1	2	3	4	5	6	7	8
PZ	0.000	0.005	0.030	0.101	0.211	0.282	0.235	0.112	0.023

表 5.2.12(d)　　所有部件完好数量及其概率

n	0	1	2	3	4	5	6	7	8	9	10
PN	0.000	0.000	0.000	0.000	0.002	0.009	0.025	0.056	0.100	0.147	0.177
n	11	12	13	14	15	16	17	18	19	20	
PN	0.174	0.140	0.092	0.048	0.020	0.007	0.002	0.000	0.000	0.000	

　　由表 5.2.12 可知,该总体延寿方案完好数量大于 10 时的达标概率为 0.483。

　　图 5.2.1(a)显示的是把所有的总体延寿方案按照费用比例从小到大排序后
的效费曲线,图 5.2.1(b)显示的是把所有的总体延寿方案按照达标概率从小到大
排序后的效费曲线。

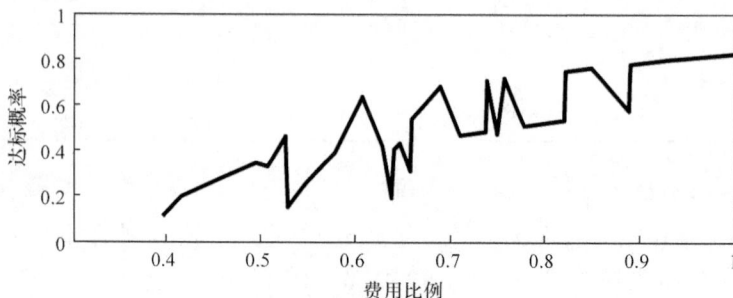

(a) 所有总体延寿方案的费用比例排序结果

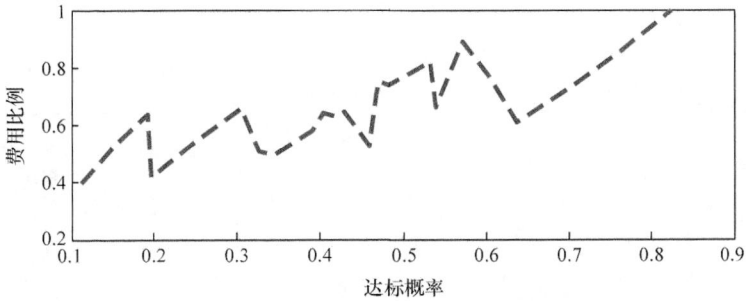

(b) 所有总体延寿方案的达标概率排序结果

图 5.2.1　利用遍历法得到的所有总体延寿方案的两种效费曲线

（3）把遍历得到的总体延寿方案按照费用从小到大排序，其结果如表 5.2.13 所示。

表 5.2.13　按费用排序后的总体延寿方案

原总体延寿方案序号	类别1的方案序号	类别2的方案序号	类别3的方案序号	费用/元	达标概率	费用比例
1	1	1	1	1245	0.112	0.40
7	2	1	1	1305	0.197	0.42
13	3	1	1	1555	0.347	0.50
4	1	2	1	1595	0.328	0.51
10	2	2	1	1655	0.460	0.53
2	1	1	2	1661	0.153	0.53
8	2	1	2	1721	0.254	0.55
19	4	1	1	1815	0.392	0.58
16	3	2	1	1905	0.637	0.61
14	3	1	2	1971	0.420	0.63
3	1	1	3	2005	0.193	0.64
5	1	2	2	2011	0.405	0.64
25	5	1	1	2030	0.430	0.65
9	2	1	3	2065	0.307	0.66
11	2	2	2	2071	0.539	0.66
22	4	2	1	2165	0.681	0.69
20	4	1	2	2231	0.468	0.71
15	3	1	3	2315	0.483	0.74

原总体延寿 方案序号	类别1的 方案序号	类别2的 方案序号	类别3的 方案序号	费用/元	达标概率	费用比例
17	3	2	2	2321	0.707	0.74
6	1	2	3	2355	0.471	0.75
28	5	2	1	2380	0.717	0.76
12	2	2	3	2415	0.603	0.77
26	5	1	2	2446	0.508	0.78
21	4	1	2	2575	0.532	0.82
23	4	2	2	2581	0.748	0.82
18	3	2	3	2665	0.760	0.85
27	5	1	3	2790	0.572	0.89
29	5	2	2	2796	0.779	0.89
24	4	2	3	2925	0.797	0.93
30	5	2	3	3140	0.824	1.00

通过查阅该表可知：若延寿费用不超过 2000 元，则原第 16 号总体延寿方案 [3　2　1]是满足费用要求且达标概率最高的方案，其第 1 类部件采用表 5.2.8 中的 3 号方案（更换第 2、3 单元），第 2 类部件采用表 5.2.9 中的 2 号方案（更换第 1、2、3、4 单元），第 3 类部件采用表 5.2.10 中的 1 号方案（更换第 2、3 单元），此时总体延寿方案的费用为 1905 元，延寿完毕再次可靠贮存 5 年后完好部件数量大于 10 的达标概率为 0.637。

（4）把遍历得到的总体延寿方案按照达标概率从小到大排序，其结果如表 5.2.14 所示。

表 5.2.14　按达标概率排序后的总体延寿方案

原总体延寿 方案序号	类别1的 方案序号	类别2的 方案序号	类别3的 方案序号	费用/元	达标概率	费用比例
1	1	1	1	1245	0.112	0.40
2	1	1	2	1661	0.153	0.53
3	1	1	3	2005	0.193	0.64
7	2	1	1	1305	0.197	0.42
8	2	1	2	1721	0.254	0.55
9	2	1	3	2065	0.307	0.66
4	1	2	1	1595	0.328	0.51

续表

原总体延寿 方案序号	类别1的 方案序号	类别2的 方案序号	类别3的 方案序号	费用/元	达标概率	费用比例
13	3	1	1	1555	0.347	0.50
19	4	1	1	1815	0.392	0.58
5	1	2	2	2011	0.405	0.64
14	3	1	2	1971	0.420	0.63
25	5	1	1	2030	0.430	0.65
10	2	2	1	1655	0.460	0.53
20	4	1	2	2231	0.468	0.71
6	1	2	3	2355	0.471	0.75
15	3	1	3	2315	0.483	0.74
26	5	1	2	2446	0.508	0.78
21	4	1	3	2575	0.532	0.82
11	2	2	2	2071	0.539	0.66
27	5	1	3	2790	0.572	0.89
12	2	2	3	2415	0.603	0.77
16	3	2	1	1905	0.637	0.61
22	4	2	1	2165	0.681	0.69
17	3	2	2	2321	0.707	0.74
28	5	2	1	2380	0.717	0.76
23	4	2	2	2581	0.748	0.82
18	3	2	3	2665	0.760	0.85
29	5	2	2	2796	0.779	0.89
24	4	2	3	2925	0.797	0.93
30	5	2	3	3140	0.824	1.00

通过查阅该表可知:若要求达标概率不低于 0.7,则原第 17 号总体延寿方案 [3　2　2] 是满足达标概率要求且费用最少的方案,其第 1 类部件采用表 5.2.8 中的 3 号方案(更换第 2、3 单元),第 2 类部件采用表 5.2.9 中的 2 号方案(更换第 1、2、3、4 单元),第 3 类部件采用表 5.2.10 中的 2 号方案(更换第 1、2、3 单元),此时总体延寿方案的费用为 2321 元,延寿完毕再次可靠贮存 5 年后完好部件数量大于 10 的达标概率为 0.707。

(5) 采用边际优化算法,首先令 planIDnow＝[1　1　1],数组 planIDnow 记录部件各种完好性状态类型对应的延寿方案 ID,该总体延寿方案的费用为 1245

元、效益(达标概率)为0.1118。在该方案基础上,待选方案有3个,其相关信息如表5.2.15所示。

表 5.2.15　待选方案

方案信息	类别1的方案序号	类别2的方案序号	类别3的方案序号	费用/元	达标概率	效费比
原方案	1	1	1	1245	0.1118	—
待选方案 1	2	1	1	1305	0.1971	1.42×10^{-3}
待选方案 2	1	2	1	1595	0.3279	0.000618
待选方案 3	1	1	2	1661	0.1527	9.83×10^{-5}

因待选方案1的效费比最高,故该方案为第2个优化后的总体延寿方案。将planIDnow更新为待选方案1后,继续优化。表5.2.16、图5.2.2显示边际优化算法的所有结果。

表 5.2.16　边际优化算法结果

边际优化结果序号	类别1的方案序号	类别2的方案序号	类别3的方案序号	费用/元	达标概率	费用比例
1	1	1	1	1245	0.112	0.40
2	2	1	1	1305	0.197	0.42
3	2	2	1	1655	0.460	0.53
4	3	2	1	1905	0.637	0.61
5	4	2	1	2165	0.681	0.69
6	5	2	1	2380	0.717	0.76
7	5	2	2	2796	0.779	0.89
8	5	2	3	3140	0.824	1.00

(6) 根据表5.2.16可知:若延寿费用不能超过2000元,则总体延寿方案[3 2 1]是满足费用要求且达标概率最高的方案,其第1类部件采用表5.2.8中的3号方案(更换第2、3单元),第2类部件采用表5.2.9中的2号方案(更换第1、2、3、4单元),第3类部件采用表5.2.10中的1号方案(更换第2、3单元),此时总体方案的费用为1905元,延寿完毕再次可靠贮存5年后完好部件数量大于10的达标概率为0.637。该结果和遍历法的结果相同。

(7) 根据表5.2.16可知:若达标概率不能低于0.7,则总体延寿方案[5 2 1]是满足达标概率要求且费用最少的方案,其第1类部件采用表5.2.8中的5号方案(更换第1、2、3、4单元),第2类部件采用表5.2.9中的2号方案(更换第1、2、3、4单元),第3类部件采用表5.2.10中的1号方案(更换第2、3单元),此时总体方

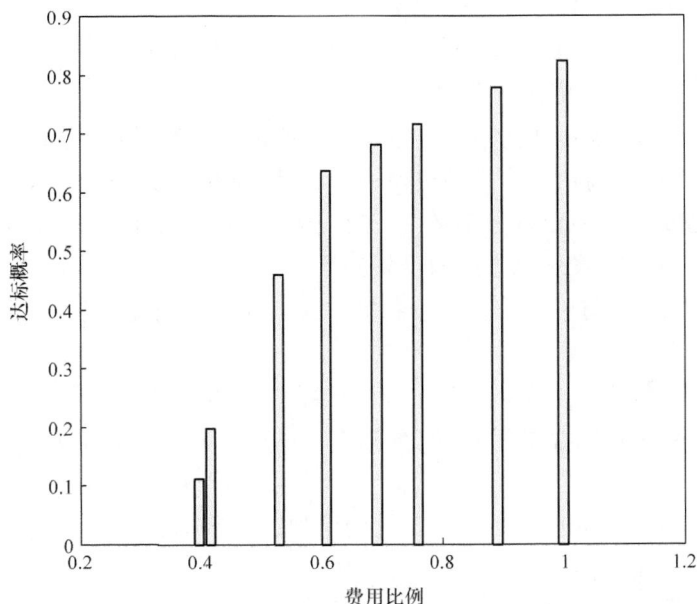

图 5.2.2　边际优化算法结果的效费曲线

案的费用为 2380 元,延寿完毕再次贮存 5 年后完好部件数量大于 10 的达标概率为 0.717。

该结果和遍历法的结果(总体延寿方案为[3　2　2],费用为 2321 元,达标概率为 0.707)不同。原因在于,边际优化算法使用的效费比指标是增加的效益和增加的费用之间的比例,它反映的是每增加一元带来的单位增长效益。此时,总体延寿方案的达标概率不是各类别延寿方案达标概率的乘积,而是卷积,因此会出现过滤掉某些单位增长效益不是最高的延寿方案这种情况。即便如此,边际优化后的所有延寿方案仍然可以认为是单位增长效益最高的延寿方案。

5.2.2　模块化贮存场景

模块化贮存是指组成部件的各单元分开独立贮存,在部件使用前需要把各单元装配起来。因此,若贮存完好部件的数量大于 M,也就意味着各单元的贮存完好数量都要大于 M,即部件的达标概率 Psz 等于各单元达标概率 $dyPsz_i$ 的乘积,

$$Psz = \prod_{i=1}^{K} dyPsz_i。$$

K 为组成部件的单元数量,部件的贮存总套数为 N,已贮存时间为 t_1,延寿后再次贮存时间为 t_2,数组 dyM 记录了各单元的单价。要求在延寿工作完成后、再次贮存开始前,每个单元的状态都是完好的。

针对第 i 类单元,其延寿过程大致如下。

(1) 检查第 i 类单元中每个单元的完好性状态,失效单元数量记为 Ng_i。

(2) 若 $Ng_i>0$,则更换所有的失效单元。

(3) 用新品单元逐一更换旧品单元,直至所有单元都更换为新品。

在上述过程中,每用一个新品更换一个旧品,都可视为一种单元延寿方案,即更换的新品数量和单元延寿方案是一一对应的,这也是该延寿方案的特点。

该场景下延寿方案优化方法的步骤如下:

步骤 1 贮存完好性检查。检查各类单元的完好性情况,记 Ng_i 为第 i 类单元的贮存失效数量。

步骤 2 数据准备。计算各类单元延寿结束后再次贮存 t_2 年后的可靠度,记 $oldPr_i$ 为第 i 类单元旧品的贮存可靠度,记 $newPr_i$ 为第 i 类单元新品的贮存可靠度。

遍历计算各类单元所有延寿方案的费用和达标概率。

以第 i 类单元为例。

(1) 利用数组 $nDYall_j$ 表示该类单元的可更换新品数量,$nDYall_j = Ng_i + j - 1 (1 \leqslant j \leqslant N - Ng_i + 1)$;令 $j = 1$。

(2) 计算当前单元延寿方案的新品数量、费用和达标概率。

令旧品数量 $Nold = N - nDYall_j$,旧品中的完好数量记为 x,x 为整数且服从二项分布 $b(Nold, oldPr_i)$,遍历计算 x 在 $0 \sim Nold$ 内取值的概率,其结果保存在数组 Pj1 内。

令新品数量 $Nnew = nDYall_j$,新品中的完好数量记为 y,y 为整数且服从二项分布 $b(Nnew, newPr_i)$,遍历计算 y 在 $0 \sim Nnew$ 内取值的概率,其结果保存在数组 PY 内;计算 PX 和 PY 的卷积,结果记为 PXY;该延寿方案的单元达标概率 $Pt = 1 - \sum\limits_{j=1}^{s+M} PXY_s$;该延寿方案的费用 $Mt = Nnew \cdot dyM_i$;保存该方案信息到矩阵 DYplan 中,令其行向量 $DYplan(j,:) = [Nnew \quad Pt \quad Mt]$。

(3) 令 $j = j + 1$,若 $j \leqslant N - Ng_i + 1$,则转(2),否则转(4)。

(4) 完成第 i 类单元所有延寿方案的费用、达标概率的计算,将结果保存到相关变量中:数组 DynNplan 记录了各单元的延寿方案数量信息,$DynNplan_i$ 为第 i 类单元的延寿方案数量;矩阵 DyPlanN 记录了各单元延寿方案的更换单元数量信息,$DyPlanN(1:DyNplan_i, i) = DYplan(:,1)$ 为第 i 类单元的各延寿方案中的更换单元数量;矩阵 DyPlanP 记录了各单元延寿方案的单元达标概率信息,$DyPlanP(1:DyNplan_i, i) = DYplan(:,2)$ 为第 i 类单元的各延寿方案的单元达标概率;矩阵 DyPlanM 记录了各单元延寿方案的费用信息,$DyPlanM(1:DyNplan_i, i) = $

DYplan($:,3$)为第 i 类单元的各延寿方案的费用。

步骤3　初始化。

(1) 以数组 planIDnow 记录各类单元的延寿方案序号,这些方案一起构成了最终的延寿方案,令 planIDnow$_i$＝1($1{\leqslant}i{\leqslant}K$);数组 flag 是各类单元是否继续优化的标志,令 flag$_i$＝1($1{\leqslant}i{\leqslant}K$);变量 j 为优化次数,令 j＝1。

(2) 计算当前总体延寿方案的费用和达标概率。

① i 为单元序号,令 i＝1。

② ip 为单元延寿方案序号,令 ip＝planIDnow$_i$;令费用 Mdy$_i$＝DyPlanM(ip, i);令单元达标概率 Pdy$_i$＝DyPlanP(ip,i)。

③ 令 i＝i＋1,若 $i{\leqslant}K$,则转②,否则转④。

④ 当前总体延寿方案的费用 nowM＝$\sum\limits_{i=1}^{K}$Mdy$_i$;当前总体延寿方案的达标概率 nowPsz＝$\prod\limits_{i=1}^{K}$Pdy$_i$;保存结果到矩阵 PlanAll($j0,:$)＝[planIDnow　　nowM　　nowPsz]中。

(3) 判断各单元是否继续优化。

遍历判断各单元的方案序号是否到达终点,即 planIDnow$_i{\geqslant}$DyNplan$_i$ 是否成立。若该不等式成立,则令 flag$_i$＝0。

步骤4　边际优化,生成优化的延寿方案集。

(1) 若 $\sum\limits_{i=1}^{K}$flag$_i{>}0$ 成立,则转(2),否则转(7)。

(2) 在 flag 中找出所有大于 0 的数字项,共有 nFlag 项,其序号保存在 indFlag 中;令 i＝1。

(3) 产生待选总体延寿方案。

令各单元方案序号 IDplan($i,:$)＝planIDnow,各单元延寿方案的费用 tMdy＝Mdy,各单元延寿方案的达标概率 tPdy＝Pdy。

令可继续优化的单元序号 IDt＝indFlag$_i$,更新该单元的待选延寿方案序号 IDplan(i,IDt)＝IDplan(i,IDt)＋1,该待选延寿方案的费用 tMdy$_{IDt}$＝DyPlanM(IDPlan(i,IDt),IDt),该待选延寿方案的达标概率 tPdy$_{IDt}$＝DyPlanP(dyPlan(i,IDt),IDt)。

(4) 计算总体延寿方案的费用和达标概率。

令总体延寿方案费用 tM$_i$＝$\sum\limits_{s=1}^{K}$tMdy$_s$,部件达标概率 tP$_i$＝$\sum\limits_{s=1}^{K}$tPdy$_s$,效费比 tPM$_i$＝$\dfrac{\text{tP}_i-\text{nowPsz}}{\text{tM}_i-\text{nowM}}$。

(5) 令 i＝i＋1,若 $i{\leqslant}$sFlag,则转(3),否则在 tPM 中找到最大值,记其序号为

I，IDplan(I,:)为本次的优化总体延寿方案，更新总体延寿方案 planIDnow＝IDplan(I,:)。

更新总体延寿方案费用 nowM＝tM_I，总体延寿方案达标概率 nowPsz＝tP_I，各单元延寿方案费用 $\text{Mdy}_{\text{indFlag}(I)}$＝DyPlanM($\text{planIDnow}_{\text{indFlag}(I)}$，$\text{indFlag}_I$)，各单元延寿方案达标概率 $\text{Pdy}_{\text{indFlag}(I)}$＝DyPlanP($\text{planIDnow}_{\text{indFlag}(I)}$，$\text{indFlag}_I$)；令 $j＝j+1$，PlanAll(j,:)＝[planIDnow　nowM　nowPsz]。

（6）执行步骤 3 中(3)，判断各单元是否继续优化以更新 flag 后，转(1)。

（7）优化终止，输出 PlanAll 等结果。

例 5.2.3　仓库内贮存有 10 套某种部件，已贮存 10 年，部件中各单元的贮存寿命规律及单价见表 5.2.17，采用模块化贮存模式。对所有单元进行完好性检查，各单元的贮存失效数量如表 5.2.18 所示。现在计划对所有部件开展延寿工作，希望延寿后能再可靠贮存 5 年，对该部件可以接受的完好数量下限为 10。试给出以下结果：

（1）计算各单元所有的延寿方案。

（2）利用上述方法计算所有的总体延寿方案，并绘制其总体延寿方案的效费曲线。

（3）根据计算结果，若延寿费用不能超过 500 元，则延寿后的达标概率至多多大？对应的延寿方案如何？

（4）根据计算结果，当要求延寿后再次可靠贮存 5 年的部件达标概率不低于 0.9 时，延寿费用至少需要多少？其对应的延寿方案如何？

表 5.2.17　单元信息

单元序号	寿命分布类型	参数 1	参数 2	寿命均值	寿命根方差	单价/元
1	伽马分布	2.4	13.1	31.4	20.3	31.0
2	正态分布	13.3	3.2	13.3	3.2	17.0
3	韦布尔分布	15.7	2.2	13.9	6.7	35.0

表 5.2.18　各单元的贮存失效数量

单元序号	1	2	3
贮存失效数量	0	3	2

解　（1）首先，计算延寿结束后再可靠贮存 5 年时，各单元旧品和新品的可靠度，结果如表 5.2.19 所示。然后，分别计算各单元所有的延寿方案，该延寿方案需告知更换单元的数量。

表 5.2.19　各单元的可靠度

类型	可靠度		
	单元 1	单元 2	单元 3
旧品	0.877	0.351	0.586
新品	0.975	0.995	0.922

对于单元 1,由于贮存 10 年后无失效单元,因此其更换单元的数量在 0~10,共有 11 种方案。单元 1 的所有延寿方案计算结果如表 5.2.20 所示。

表 5.2.20　单元 1 的所有延寿方案计算结果

方案序号	更换的单元数量	单元达标概率	费用/元
1	0	0.886	0
2	1	0.907	31
3	2	0.926	62
4	3	0.943	93
5	4	0.958	124
6	5	0.970	155
7	6	0.980	186
8	7	0.988	217
9	8	0.993	248
10	9	0.996	279
11	10	0.998	310

对于单元 2,由于贮存 10 年后失效单元数量为 3,因此其更换单元的数量在 3~10,共有 8 种方案。单元 2 的所有延寿方案计算结果如表 5.2.21 所示。

表 5.2.21　单元 2 的所有延寿方案计算结果

方案序号	更换的单元数量	单元达标概率	费用/元
1	3	0.055	51
2	4	0.116	68
3	5	0.232	85
4	6	0.429	102
5	7	0.712	119
6	8	0.984	136
7	9	0.999	153
8	10	1.000	170

对于单元 3,由于贮存 10 年后失效单元数量为 2,因此其更换单元的数量在 2~10,共有 9 种方案。单元 3 的所有延寿方案计算结果如表 5.2.22 所示。

表 5.2.22　单元 3 的所有延寿方案计算结果

方案序号	更换的单元数量	单元达标概率	费用/元
1	2	0.258	70
2	3	0.335	105
3	4	0.427	140
4	5	0.531	175
5	6	0.644	210
6	7	0.755	245
7	8	0.852	280
8	9	0.922	315
9	10	0.963	350

（2）以数组 planIDnow 记录各类单元的延寿方案序号，初始化为 planIDnow＝[1　1　1]，即第 1 个总体延寿方案为：单元 1 采用表 5.2.20 中的第 1 号方案，单元 2 采用表 5.2.21 中的第 1 号方案，单元 3 采用表 5.2.22 中的第 1 号方案。该总体延寿方案的部件达标概率为 0.0127，费用为 121。在该方案基础上，下一步的优化方案从以下待选总体延寿方案中选出，这些方案的相关结果如表 5.2.23～表 5.2.26 所示。

表 5.2.23　待选总体延寿方案中各单元方案序号

序号	单元 1 方案的序号	单元 2 方案的序号	单元 3 方案的序号
1	2	1	1
2	1	2	1
3	1	1	2

表 5.2.24　待选总体延寿方案中各单元方案的费用

序号	单元 1 方案的费用/元	单元 2 方案的费用/元	单元 3 方案的费用/元
1	31	51	70
2	0	68	70
3	0	51	105

表 5.2.25　待选总体延寿方案中各单元方案的达标概率

序号	单元 1 方案的达标概率	单元 2 方案的达标概率	单元 3 方案的达标概率
1	0.907	0.055	0.258
2	0.886	0.116	0.258
3	0.886	0.055	0.335

表 5.2.26　待选总体延寿方案的费用、达标概率和效费比

序号	总体延寿方案的费用/元	总体延寿方案的达标概率	总体延寿方案的效费比
1	152	0.01	9.71×10^{-6}
2	138	0.03	8.19×10^{-4}
3	156	0.02	1.08×10^{-4}

　　由表 5.2.26 可知，2 号待选总体延寿方案的效费比最高，因此方案[1　1　1]后的总体延寿方案优化方案为[1　2　1]。

　　多次重复上述过程，直至各单元到达各自的终极延寿方案（更换所有的单元）。上述优化过程中总体延寿方案的边际优化结果如表 5.2.27 所示。表 5.2.27 中的总体延寿方案的费用比例是总体延寿方案的费用与 10 套部件总价的比值。

表 5.2.27　总体延寿方案的边际优化结果

优化序号	总体延寿方案			总体延寿方案的费用/元	总体延寿方案的部件达标概率	总体延寿方案的费用比例
	单元 1 的方案序号	单元 2 的方案序号	单元 3 的方案序号			
1	1	1	1	121	0.01	0.15
2	1	2	1	138	0.03	0.17
3	1	3	1	155	0.05	0.19
4	1	4	1	172	0.10	0.21
5	1	5	1	189	0.16	0.23
6	1	6	1	206	0.22	0.25
7	1	6	2	241	0.29	0.29
8	1	6	3	276	0.37	0.33
9	1	6	4	311	0.46	0.37
10	1	6	5	346	0.56	0.42
11	1	6	6	381	0.66	0.46
12	1	6	7	416	0.74	0.50
13	1	6	8	451	0.80	0.54
14	1	6	9	486	0.84	0.59
15	1	7	9	503	0.85	0.61
16	2	7	9	534	0.87	0.64
17	3	7	9	565	0.89	0.68
18	4	7	9	596	0.91	0.72
19	5	7	9	627	0.92	0.76

续表

优化序号	总体延寿方案			总体延寿方案的费用/元	总体延寿方案的部件达标概率	总体延寿方案的费用比例
	单元1的方案序号	单元2的方案序号	单元3的方案序号			
20	6	7	9	658	0.93	0.79
21	7	7	9	689	0.94	0.83
22	8	7	9	720	0.95	0.87
23	9	7	9	751	0.96	0.90
24	10	7	9	782	0.96	0.94
25	11	7	9	813	0.96	0.98
26	11	8	9	830	0.96	1.00

图 5.2.3 是优化后所有总体延寿方案的效费曲线。

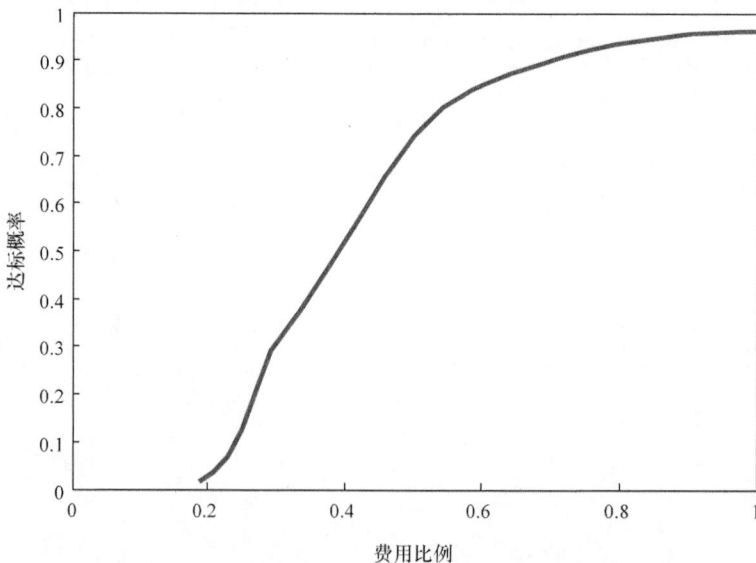

图 5.2.3　所有总体延寿方案的效费曲线

（3）根据上述计算结果，若延寿费用不能超过 500 元，则延寿后的达标概率不会超过 0.84，此时可采用第 14 号优化方案，其各单元的延寿方案序号为 1、6、9，各类单元对应的更换单元数量为 0、8、10，该方案的费用为 486 元，部件达标概率为 0.84。

（4）根据上述计算结果，当要求延寿后再次贮存 5 年的部件达标概率不低于 0.9 时，延寿费用至少需要 596 元，可选用第 18 号优化方案，其各单元的延寿方案序号为 4、7、9，各类单元对应的更换单元数量为 3、9、10，该方案的部件达标概率为 0.91。

5.3　整修延寿

整修延寿是导弹领域的常见做法（以下简称整修）。整修是在贮存寿命期内，而不是在贮存到期后进行的。一般来讲，整修是指针对必须进行大分解才能更换或维修的组件和整机，由主管机关组织的维修活动[1,3]。整修通常是对导弹武器系统进行批次性维修。最关心的问题是：如何确定首次整修期、整修间隔期及相应的整修内容。

由于进行第 1 次整修，第 2 次整修，…，第 n 次整修，未整修部件的贮存时间越来越长，因此其贮存可靠度越来越低。为了保证导弹武器的战备完好性不低于战备指标要求，必然会使得各次整修之间的时间间隔越来越短。

本节以模块化贮存、多个单元串联组成部件为例，以整修后达标概率不低于某阈值为目标，给出两种场景下回答整修方案中"何时整修？整修谁？"这两个基本问题的方法。

为了论述方便，尽管已知构成部件的各单元价格信息，但在本节并不以追求整修方案的费用最低为首要目标，因此以下未采用 5.2 节中边际优化等方式开展研究，而是采用修补木桶最短板思路，其结果可视为延寿工作量较小的延寿方案。

5.3.1　全部更换

本小节的方法适用于如下场景：当开始整修时，不对所整修的单元类别进行贮存完好性检查，直接把该类别的单元全部更换掉。该整修方案的设计思想简述如下：

（1）按照前述方法，逐年计算各类单元的达标概率 dyPsz_i，则 $\prod\limits_{i=1}^{K}\mathrm{dyPsz}_i$ 为当年的部件达标概率 Psz。

（2）若发现第 t 年的部件达标概率 Psz 小于阈值 Ps，则意味着需要在该年开始前完成整修（暂时不考虑整修耗时，假定整修能在该年开始前完成）。此步骤回答"何时整修？"问题。

（3）把第 $t-1$ 年的各类单元达标概率 dyPsz_i 从小到大进行排序，然后把单元达标概率最小的单元全部更换掉（在一次整修工作中，可能对多类单元进行整修），并计算该情况下第 t 年部件达标概率；若此时部件达标概率大于阈值，则本次整修结束；否则，全体更换第 $t-1$ 年中单元达标概率第二小的单元，并计算该情况下第 t 年部件达标概率，然后与阈值进行比较。以此类推，直至第 t 年部件达标概率满足要求。

5.3.2　部分更换

本节方法适用于如下场景。

开始整修时,首先对待整修的单元类别进行贮存完好性检查,那些状态完好的单元有可能会保留下来,整修时视情更换一定数量的单元。

该方法涉及以下概念:新品、旧品、老品、坏品。新品是指更换后的产品单元。旧品是指已经经历过一段时间的贮存,并在本次整修之前没有经过贮存状态检查的产品单元。老品是指在上一次针对该类单元的整修时(当时)贮存状态完好、未被更换的产品单元。坏品是指失效的产品单元。

本节设计整修方案的思路如下:

(1) 在一次整修工作中,根据各单元达标概率来决定待整修单元的次序。

(2) 对于待整修的单元,更换原则为:更换坏品和老品,保留部分完好的产品单元(旧品);当不能达到要求时,逐一增大更换旧品的数量。

(3) 在整修过程中,随时更新整修后部件达标概率,若新达标概率大于阈值,则本次整修完毕。

若用本节方法开展整修,则每类单元中至多有两种数量不等的单元——新品和旧品,且所有的新品开始贮存时间相同,所有的旧品开始贮存时间也相同。在本节中,以数据结构[Nnew　Tnew　Nold　Told]来描述各类单元。Nnew 是新品数量;Tnew 是新品开始贮存时刻。Nold 是旧品数量;Told 是旧品在上一次针对该类单元的整修时刻;旧品的贮存可靠度按照剩余可靠度的相关公式进行计算。Nnew 与 Nold 之和始终等于贮存总数 N。

该整修方案的设计方法简述如下:

(1) 按照前述方法,若考虑各类单元的新品、旧品情况,逐年计算各类单元的达标概率 $dyPsz_i$,则 $\prod\limits_{i=1}^{K} dyPsz_i$ 为当年部件的达标概率 Psz。

(2) 若发现第 t 年的部件达标概率 Psz 小于阈值 Ps,则意味着需要其在该年开始前完成整修(暂时不考虑整修耗时,假定整修能在上一年年底完成)。此步骤回答"何时整修?"问题。

(3) 视情增加新品。

① 把第 $t-1$ 年的各类单元达标概率 $dyPsz_i$ 从小到大进行排序,并把达标概率最小的单元作为本次待整修的单元(在一次整修工作中,可能对多类单元进行整修),用[Nnew　Tnew　Nold　Told]来描述待整修单元的状态,转②。

② 对于数量为 Nold 的旧品,由于它们已经经历过一次整修,因此在本次整修中被视为老品,更换所有的老品。

③ 对于数量为 Nnew 的新品,它们刚刚经历过一段时间的贮存(在本次整修

后会被视为旧品),对其进行贮存状态检查,将贮存失效的单元全部更换,贮存完好的单元予以保留,保留的数量记为 Nt,再补充数量为 $N-Nt$ 的新单元,并将该类单元的信息更新为 $[\overline{Nnew}\ \ \overline{Tnew}\ \ \overline{Nold}\ \ \overline{Told}]$,令 $\overline{Nnew} = Nold - Nnew$,$\overline{Tnew}=t-1$,$\overline{Nold}=Nt$,$\overline{Told}=t-1$,并计算$[\overline{Nnew}\ \ \overline{Tnew}\ \ \overline{Nold}\ \ \overline{Told}]$情况下对应的部件达标概率 Psz。

④ 若 Psz≥Ps,则终止,否则转⑤。

⑤ 若$\overline{Nnew}+1>N$,则转⑥,否则逐一增加该类单元的新品数量,即令$\overline{Nnew}=\overline{Nnew}+1$,$\overline{Nold}=\overline{Nold}+1$,并计算$[\overline{Nnew}\ \ \overline{Tnew}\ \ \overline{Nold}\ \ \overline{Told}]$情况下对应部件达标概率 Psz,转④。

⑥ 选定①结果中单元达标概率第二小的另一类单元作为待整修的单元,转②,重复以上步骤,直至部件达标概率大于阈值。

例 5.3.1　仓库内贮存有 20 套某种部件,计划贮存 20 年,部件中各单元的贮存寿命规律及单价见表 5.3.1。采用模块化贮存模式。设在贮存期间的任意时刻,完好部件数量大于 14 的达标概率阈值分别为 0.6、0.7、0.8。

(1) 若整个贮存期间不进行整修,则计算历年各单元和部件的贮存可靠度、各单元和部件的达标概率。

(2) 按照 5.3.1 节介绍的全部更换方法,制订贮存期间的整修方案(整修时机和整修单元)。

(3) 按照 5.3.2 节介绍的部分更换方法,制订贮存期间的整修方案(整修时机和整修单元)。

表 5.3.1　单元的贮存寿命规律及单价

单元序号	寿命分布类型	参数 1	参数 2	寿命均值	寿命根方差	单价/元
1	韦布尔分布	17	1.3	15.7	12.2	44.0
2	伽马分布	1.7	13.3	22.6	17.3	47.0
3	正态分布	14.2	4	14.2	4.0	27.0
4	韦布尔分布	15.5	1.5	14.0	9.5	14.0

解　(1) 根据表 5.3.1 各单元的贮存寿命分布类型,若在贮存期间不开展整修工作,则各单元和部件历年的贮存可靠度如表 5.3.2 所示,其中,部件的贮存可靠度为各单元贮存可靠度的乘积。

各单元和部件历年的达标概率如表 5.3.3 所示,其中,部件的达标概率为各单元达标概率的乘积。

表 5.3.2　各单元和部件历年的贮存可靠度

贮存时间/年	贮存可靠度				
	单元 1	单元 2	单元 3	单元 4	部件
1	0.975	0.992	1.000	0.984	0.952
2	0.940	0.976	0.999	0.955	0.875
3	0.900	0.955	0.997	0.918	0.788
4	0.859	0.930	0.995	0.877	0.697
5	0.816	0.903	0.989	0.833	0.606
6	0.772	0.873	0.980	0.786	0.519
7	0.729	0.843	0.964	0.738	0.437
8	0.687	0.811	0.939	0.690	0.361
9	0.646	0.779	0.903	0.642	0.292
10	0.606	0.747	0.853	0.596	0.230
11	0.567	0.715	0.788	0.550	0.176
12	0.529	0.684	0.709	0.506	0.130
13	0.494	0.653	0.618	0.464	0.092
14	0.460	0.623	0.520	0.424	0.063
15	0.427	0.593	0.421	0.386	0.041
16	0.397	0.564	0.326	0.350	0.026
17	0.368	0.536	0.242	0.317	0.015
18	0.341	0.510	0.171	0.286	0.008
19	0.315	0.484	0.115	0.257	0.005
20	0.291	0.459	0.074	0.231	0.002

表 5.3.3　各单元和部件历年的达标概率

贮存时间/年	达标概率				
	单元 1	单元 2	单元 3	单元 4	部件
1	1.000	1.000	1.000	1.000	1.000
2	0.999	1.000	1.000	1.000	0.999
3	0.989	1.000	1.000	0.996	0.985
4	0.947	0.998	1.000	0.971	0.918
5	0.852	0.990	1.000	0.896	0.756
6	0.706	0.967	1.000	0.756	0.516
7	0.533	0.918	1.000	0.569	0.279
8	0.368	0.839	0.999	0.379	0.117
9	0.233	0.731	0.990	0.224	0.038

续表

贮存时间/年	达标概率				
	单元 1	单元 2	单元 3	单元 4	部件
10	0.136	0.605	0.938	0.118	0.009
11	0.074	0.476	0.764	0.055	0.001
12	0.038	0.356	0.451	0.024	0.000
13	0.018	0.254	0.162	0.009	0.000
14	0.008	0.173	0.031	0.003	0.000
15	0.004	0.113	0.003	0.001	0.000
16	0.001	0.071	0.000	0.000	0.000
17	0.001	0.043	0.000	0.000	0.000
18	0.000	0.025	0.000	0.000	0.000
19	0.000	0.014	0.000	0.000	0.000
20	0.000	0.008	0.000	0.000	0.000

（2）查看表 5.3.3 可知，当达标概率阈值为 0.6 时，若不开展整修工作，则在贮存的第 6 年年底，部件的达标概率将为 0.516，低于达标概率阈值，因此需要在第 5 年年底完成整修工作，由于单元 1 是所有单元中达标概率最低的，因此该次整修首先针对单元 1 进行。

按照 5.3.1 节介绍的全部更换方法，当达标概率阈值为 0.6 时，贮存期间的整修方案（整修时机和所需的单元数量）如表 5.3.4 所示，执行这些方案后其对应的单元和部件历年达标概率如表 5.3.5 所示。

表 5.3.4　达标概率阈值为 0.6 时的全部更换整修方案

整修序号	整修时机/年	所需单元数量			
		单元 1	单元 2	单元 3	单元 4
1	5	20	0	0	0
2	6	0	0	0	20
3	9	0	20	0	0
4	10	20	0	0	0
5	11	0	0	20	0
6	12	0	0	0	20
7	16	20	0	0	0
8	17	0	20	0	0
9	18	0	0	0	20

表 5.3.5 达标概率阈值为 0.6 时全部更换整修方案的历年达标概率

贮存时间/年	达标概率				
	单元1	单元2	单元3	单元4	部件
1	1.000	1.000	1.000	1.000	1.000
2	0.999	1.000	1.000	1.000	0.999
3	0.989	1.000	1.000	0.996	0.985
4	0.947	0.998	1.000	0.971	0.918
5	0.852	0.990	1.000	0.896	0.756
6	1.000	0.967	1.000	0.756	0.731
7	0.999	0.918	1.000	1.000	0.917
8	0.989	0.839	0.999	1.000	0.829
9	0.947	0.731	0.990	0.996	0.683
10	0.852	1.000	0.938	0.971	0.777
11	1.000	1.000	0.764	0.896	0.685
12	0.999	1.000	1.000	0.756	0.755
13	0.989	0.998	1.000	1.000	0.987
14	0.947	0.990	1.000	1.000	0.938
15	0.852	0.967	1.000	0.996	0.821
16	0.706	0.918	1.000	0.971	0.629
17	1.000	0.839	1.000	0.896	0.752
18	0.999	1.000	1.000	0.756	0.755
19	0.989	1.000	0.999	1.000	0.988
20	0.947	1.000	0.990	1.000	0.938

达标概率阈值为 0.7 时,贮存期间的整修方案如表 5.3.6 所示,执行这些方案后其对应的单元和部件历年达标概率如表 5.3.7 所示。

表 5.3.6 达标概率阈值为 0.7 时的全部更换整修方案

整修序号	整修时机/年	所需单元数量			
		单元1	单元2	单元3	单元4
1	5	20	0	0	0
2	6	0	0	0	20
3	8	0	20	0	0
4	10	20	0	20	0
5	12	0	0	0	20
6	15	20	0	0	0
7	16	0	20	0	0
8	18	0	0	0	20

表 5.3.7　达标概率阈值为 0.7 时全部更换整修方案的历年达标概率

贮存时间/年	达标概率				
	单元 1	单元 2	单元 3	单元 4	部件
1	1.000	1.000	1.000	1.000	1.000
2	0.999	1.000	1.000	1.000	0.999
3	0.989	1.000	1.000	0.996	0.985
4	0.947	0.998	1.000	0.971	0.918
5	0.852	0.990	1.000	0.896	0.756
6	1.000	0.967	1.000	0.756	0.731
7	0.999	0.918	1.000	1.000	0.917
8	0.989	0.839	0.999	1.000	0.829
9	0.947	1.000	0.990	0.996	0.934
10	0.852	1.000	0.938	0.971	0.777
11	1.000	1.000	1.000	0.896	0.896
12	0.999	0.998	1.000	0.756	0.754
13	0.989	0.990	1.000	1.000	0.979
14	0.947	0.967	1.000	1.000	0.916
15	0.852	0.918	1.000	0.996	0.779
16	1.000	0.839	1.000	0.971	0.814
17	0.999	1.000	1.000	0.896	0.896
18	0.989	1.000	0.999	0.756	0.747
19	0.947	1.000	0.990	1.000	0.938
20	0.852	0.998	0.938	1.000	0.798

达标概率阈值为 0.8 时,贮存期间的整修方案如表 5.3.8 所示,执行这些方案后其对应的单元和部件历年达标概率如表 5.3.9 所示。

表 5.3.8　达标概率阈值为 0.8 时的全部更换整修方案

整修序号	整修时机/年	所需单元数量			
		单元 1	单元 2	单元 3	单元 4
1	4	20	0	0	0
2	5	0	0	0	20
3	7	0	20	0	0
4	9	20	0	0	0
5	10	0	0	20	20
6	13	20	0	0	0
7	14	0	20	0	0
8	15	0	0	0	20
9	18	20	0	0	0

表 5.3.9　达标概率阈值为 0.8 时全部更换整修方案的历年达标概率

贮存时间/年	历年达标概率				
	单元 1	单元 2	单元 3	单元 4	部件
1	1.000	1.000	1.000	1.000	1.000
2	0.999	1.000	1.000	1.000	0.999
3	0.989	1.000	1.000	0.996	0.985
4	0.947	0.998	1.000	0.971	0.918
5	1.000	0.990	1.000	0.896	0.888
6	0.999	0.967	1.000	1.000	0.966
7	0.989	0.918	1.000	1.000	0.908
8	0.947	1.000	0.999	0.996	0.942
9	0.852	1.000	0.990	0.971	0.820
10	1.000	1.000	0.938	0.896	0.841
11	0.999	0.998	1.000	1.000	0.997
12	0.989	0.990	1.000	1.000	0.979
13	0.947	0.967	1.000	0.996	0.912
14	1.000	0.918	1.000	0.971	0.892
15	0.999	1.000	1.000	0.896	0.896
16	0.989	1.000	1.000	1.000	0.989
17	0.947	1.000	1.000	1.000	0.947
18	0.852	0.998	0.999	0.996	0.846
19	1.000	0.990	0.990	0.971	0.952
20	0.999	0.967	0.938	0.896	0.812

(3) 按照 5.3.2 节介绍的部分更换方法,达标概率阈值为 0.6 时,贮存期间的整修方案(整修时机和各单元所需的备件数量)如表 5.3.10 所示,其对应的单元和部件达标概率如表 5.3.11 所示。由表 5.3.10 可知,第一次整修在贮存的第 5 年年底,针对单元 1 开展,所需要的单元 1 新品平均数量为 4。

表 5.3.10　达标概率阈值为 0.6 时的部分更换整修方案

整修序号	整修时机/年	所需单元数量			
		单元 1	单元 2	单元 3	单元 4
1	5	4	0	0	0
2	6	0	0	0	4
3	8	0	4	0	0
4	9	17	0	0	0
5	10	0	0	0	16

续表

整修序号	整修时机/年	所需单元数量			
		单元 1	单元 2	单元 3	单元 4
6	11	0	0	4	0
7	13	0	16	16	0
8	14	6	0	0	0
9	16	0	0	0	7
10	18	15	0	0	0

表 5.3.11　达标概率阈值为 0.6 时部分更换整修方案的历年达标概率

贮存时间/年	达标概率				
	单元 1	单元 2	单元 3	单元 4	部件
1	1.000	1.000	1.000	1.000	1.000
2	0.999	1.000	1.000	1.000	0.999
3	0.989	1.000	1.000	0.996	0.985
4	0.947	0.998	1.000	0.971	0.918
5	0.852	0.990	1.000	0.896	0.756
6	1.000	0.967	1.000	0.756	0.731
7	0.991	0.918	1.000	1.000	0.909
8	0.940	0.839	0.999	0.985	0.776
9	0.821	1.000	0.990	0.909	0.739
10	1.000	0.998	0.938	0.741	0.695
11	0.999	0.987	0.764	1.000	0.753
12	0.985	0.951	0.997	0.999	0.933
13	0.933	0.878	0.889	0.991	0.721
14	0.824	1.000	1.000	0.949	0.782
15	1.000	1.000	1.000	0.844	0.844
16	0.993	0.999	1.000	0.676	0.671
17	0.949	0.996	1.000	1.000	0.945
18	0.841	0.981	1.000	0.992	0.819
19	1.000	0.946	1.000	0.939	0.888
20	0.998	0.880	1.000	0.805	0.707

　　当达标概率阈值为 0.7 时,贮存期间的整修方案如表 5.3.12 所示,其对应的单元和部件达标概率如表 5.3.13 所示。由表 5.3.12 可知,第四次整修在贮存的第 9 年年底,针对单元 1 和单元 4 开展整修,各自所需的新品平均数量为 17 和 16。

表 5.3.12　达标概率阈值为 0.7 时的部分更换整修方案

整修序号	整修时机/年	所需单元数量			
		单元 1	单元 2	单元 3	单元 4
1	5	4	0	0	0
2	6	0	0	0	4
3	8	0	4	0	0
4	9	17	0	0	16
5	11	0	0	4	0
6	12	0	16	0	0
7	13	0	0	16	0
8	14	6	0	0	7
9	17	0	0	0	14
10	18	15	0	0	0

表 5.3.13　达标概率阈值为 0.7 时部分更换整修方案的历年达标概率

贮存时间/年	达标概率				
	单元 1	单元 2	单元 3	单元 4	部件
1	1.000	1.000	1.000	1.000	1.000
2	0.999	1.000	1.000	1.000	0.999
3	0.989	1.000	1.000	0.996	0.985
4	0.947	0.998	1.000	0.971	0.918
5	0.852	0.990	1.000	0.896	0.756
6	1.000	0.967	1.000	0.756	0.731
7	0.991	0.918	1.000	1.000	0.909
8	0.940	0.839	0.999	0.985	0.776
9	0.821	1.000	0.990	0.909	0.739
10	1.000	0.998	0.938	1.000	0.937
11	0.999	0.987	0.764	0.999	0.753
12	0.985	0.951	0.997	0.992	0.926
13	0.933	1.000	0.889	0.954	0.790
14	0.824	1.000	1.000	0.855	0.705
15	1.000	1.000	1.000	1.000	0.999
16	0.993	0.996	1.000	0.994	0.983
17	0.949	0.983	1.000	0.951	0.887
18	0.841	0.949	1.000	1.000	0.798
19	1.000	0.885	1.000	0.999	0.885
20	0.998	0.791	1.000	0.989	0.780

达标概率阈值为 0.8 时,贮存期间的整修方案如表 5.3.14 所示,其对应的单元和部件达标概率如表 5.3.15 所示。

表 5.3.14　达标概率阈值为 0.8 时的部分更换整修方案

整修序号	整修时机/年	所需单元数量			
		单元 1	单元 2	单元 3	单元 4
1	4	3	0	0	0
2	5	0	0	0	3
3	7	17	3	0	0
4	8	0	0	0	17
5	10	0	0	3	0
6	11	5	17	0	0
7	12	0	0	17	0
8	13	0	0	0	6
9	15	16	0	0	0
10	16	0	0	0	14
11	18	0	6	0	0
12	19	6	0	0	0

表 5.3.15　达标概率阈值为 0.8 时部分更换整修方案的历年达标概率

贮存时间/年	达标概率				
	单元 1	单元 2	单元 3	单元 4	部件
1	1.000	1.000	1.000	1.000	1.000
2	0.999	1.000	1.000	1.000	0.999
3	0.989	1.000	1.000	0.996	0.985
4	0.947	0.998	1.000	0.971	0.918
5	1.000	0.990	1.000	0.896	0.887
6	0.992	0.967	1.000	1.000	0.958
7	0.945	0.918	1.000	0.987	0.857
8	1.000	1.000	0.999	0.919	0.918
9	0.999	0.998	0.990	1.000	0.988
10	0.985	0.987	0.938	1.000	0.912
11	0.935	0.952	0.999	0.993	0.883
12	1.000	1.000	0.946	0.959	0.907
13	0.993	1.000	1.000	0.866	0.860
14	0.953	1.000	1.000	1.000	0.953
15	0.850	0.997	1.000	0.992	0.841

贮存时间/年	达标概率				
	单元1	单元2	单元3	单元4	部件
16	1.000	0.985	1.000	0.944	0.930
17	0.998	0.954	1.000	1.000	0.952
18	0.983	0.894	1.000	0.999	0.878
19	0.927	1.000	1.000	0.989	0.917
20	1.000	0.999	0.998	0.943	0.940

把两种方法得到的整修方案进行汇总。表 5.3.16 展示整修方案中各单元所需的备件数量、整修次数和费用。表 5.3.16 中的费用比例是指方案的整修费用与 20 套该部件采购费用的比值。以部件达标概率阈值等于 0.6 为例,由表 5.3.3 可知,该部件满足阈值的可靠贮存期只有 5 年,如果每 5 年全部更换一次以满足可靠贮存 20 年的要求,那么最多需要 3 倍的备件采购费用。现在,无论是哪种方法获得的整修方案,都实现了以低于 3 倍备件采购费用的整修费用,达到了预定的贮存完好性要求。

表 5.3.16　两类整修方案的结果对比

达标概率阈值	整体更换						部分更换					
	所需备件数量				整修次数	费用比例	所需备件数量				整修次数	费用比例
	单元1	单元2	单元3	单元4			单元1	单元2	单元3	单元4		
0.6	60	40	20	60	9	2.23	42	20	20	27	10	1.40
0.7	60	40	20	60	8	2.23	42	20	20	41	10	1.48
0.8	80	40	20	60	9	2.57	47	26	20	40	12	1.66

与整体更换相比,部分更换在节省费用方面有优势,但付出的代价是整修次数变得更多。由于实际整修工作复杂,频繁整修带来的非经济性成本也许比节省下来的备件费用更高。

此外,当整体更换的达标概率阈值分别为 0.6 和 0.7 时,两者所需要的整修单元种类和数量是相同的,只不过整修时机不同。这从侧面说明,由于整修方案的效果受单元贮存寿命分布规律、贮存总数量、可接受的完好数量下限、达标概率阈值等多种因素影响,较高的达标概率阈值要求并不一定意味着费用必然高、整修次数必然多。

本节实际上介绍的是如何制订整修方案,没有涉及整修方案的优化。不过,利用本节方法,像例 5.3.1 那样制订多个整修方案,并比较所有方案的效果,也可以为最终确定优化后的整修方案提供决策支持。

5.4　小　　结

　　雷弹装备延寿是着眼保持或提升装备的战术性能,以可靠性、维修性理论为指导,针对装备的贮存薄弱环节采取维修措施,恢复装备的状态,延长装备的贮存寿命。除了已经失效的单元,延寿工作更需要关注已经老化的单元。本章以单元的贮存剩余可靠度来定量描述单元的老化程度。综合考虑延寿后新单元的贮存可靠度、未延寿单元的剩余可靠度和预期的延寿目标等因素,给出了延寿决策方法,回答"何时延寿? 对谁延寿?"问题。

参 考 文 献

[1] 孟涛,张仕念,易当祥,等. 导弹贮存延寿技术概论[M]. 北京:中国宇航出版社,2007.

[2] 张志华. 可靠性理论及工程应用[M]. 北京:科学出版社,2012.

[3] 祝学军,管飞,王洪波,等. 战术弹道导弹贮存延寿工程基础[M]. 北京:中国宇航出版社,2015.

[4] 茆诗松,程依明,濮晓龙. 概率论与数理统计教程[M]. 2 版. 北京:高等教育出版社,2010.

第 6 章　总　　结

针对雷弹装备在贮存与延寿工作中面临基本的、主要的决策类问题,本书力图提供一套"从头到脚"完整的、可行的、通用的具体解决方法,主要内容如下。

(1) 为了使本书的方法具有通用性,能适用各种具体型号的雷弹装备,本书选择了以数理统计为主要工具研究贮存延寿问题的技术路线。鱼雷、水雷、导弹等装备往往批量列装,其贮存延寿中的统计规律也就可能在较大量的样本中彰显出来。因此,基于数理统计的技术路线与雷弹装备的批量列装是相契合的,是有现实基础的,值得在该技术路线上开展更多、更深的研究。

(2) 装备作为一个由各种单元、组件、部件等组成的整体,其整体寿命的分布规律极有可能不符合指数分布、正态分布、韦布尔分布等的标准分布。如果想一步到位,那么直接以装备的寿命分布规律为研究对象难以得到其寿命分布函数:没有函数,也就没有预测能力。因此,本书以装备中最低层级的、可维修的单元作为研究对象,按照电子件寿命一般服从指数分布、机械件寿命一般服从正态分布、机电件寿命一般服从韦布尔分布等工程经验,力图获得这些单元的寿命分布函数。按照抓重点的思路,选择重要单元或关键单元,再把这些单元串联后得到部件的寿命分布规律。当能以寿命分布函数来表达装备内的主要部件时,结合各组件间的可靠性结构,装备的寿命分布规律也就水到渠成了。

(3) 由于雷弹装备具有"长期贮存、一次使用、价格昂贵"的特点,期望拥有足够数量的自然贮存寿命样本数据是不现实的,这也使得立足寿命型数据的常规数理统计方法难以用于探明雷弹装备的贮存寿命分布规律。雷弹装备批量列装、定期检查的特点,使得在实际贮存期间积累了大量包含部分寿命信息的删失型数据,本书按照"遍历参数＋极大似然"的思路提出了基于删失型数据估计寿命分布参数的方法,并给出了相关仿真模型,用于检验"遍历参数＋极大似然"方法的有效性。仿真验证结果表明:该方法的准确性可满足工程要求。仿真模型除了用于验证,也可以用于预估"遍历参数＋极大似然"方法在处理具体问题时的误差程度。该思路也适用于可靠性试验、备件保障等其他场景,可解决这些场景中因寿命型数据不足、删失型数据较常见带来的困难。

(4) 在探明单元的贮存寿命分布规律后,针对整体贮存和模块化贮存这两种典型贮存模式,把雷弹行业内类似能执行任务率的战备完好性指标转化成本书中达标概率这种具体的指标形式,进而给出能定量评估贮存效果的方法。该方法可用于辅助制订初始贮存方案和补充贮存方案。

（5）在制定针对贮存失效的维修计划时，为了提高维修计划的预见准确性，为维修活动做好事先准备，本书从备件这种重要的维修物质资源的角度，给出了备件需求量计算方法。其中，针对随机检修场景的备件需求量结果可视为备件数量偏多的保守结果，针对串件拼修场景的备件需求量结果可视为备件数量偏少的乐观结果。此外，可以扩展解读维修备件需求量结果，例如维修备件种类意味着不同的维修范围、备件数量意味着不同的维修工作量等。因此，如果能把备件和维修工作之间的紧密联系进一步具体化，根据维修备件需求量结果可以进一步完善维修工作计划中更多的内容。

（6）延寿工作针对的不仅仅是装备贮存失效问题，更多针对的是装备老化问题。本书按照到期延寿、整修延寿两种情况，区分整体贮存和模块化贮存两种场景，按照费用最少或工作量最小的优化目标，给出了延寿决策方法，用于回答"何时开展延寿工作？对装备内的哪些部件开展延寿？"等问题。